日本人气餐厅佐酒肉料理

日本株式会社旭屋出版　编著

李祥睿　梁晨　陈洪华　译

中国纺织出版社有限公司

牛肉，
猪肉，
羊肉，
鸡肉……

可以配酒的料理

译者的话

　　本书的主题为"下酒肉料理"，对于无肉不欢的食客来说，无异于胃口和内心都快乐满足的事情，书中精选了100道肉类料理食谱，制作原料涉及牛肉、猪肉、羊肉、鸡肉及其他肉等，每道料理都细致讲解，精彩纷呈，适合下酒配餐。

　　本书由扬州大学李祥睿、梁晨、陈洪华翻译，参与翻译资料搜集和文字处理的有李佳琪、高正祥、豆思岚、张开伟、徐子昂等。在翻译过程中，得到了扬州大学旅游烹饪学院、扬州大学外国语学院和中国纺织出版社有限公司领导的支持与鼓励，在此一并表示谢忱。

译者

2022 年 12 月

序

如今，各式各样以肉类菜品作为主打的酒吧、小酒馆，还有以肉为主题的食节遍地开花，人们对肉菜的热情丝毫不见冷却。

精致的鱼肉料理和蔬菜料理当然也自有魅力，但红肉却有着让人心动不已的强大力量。

此外，如果把焦点放在"喝酒"上，那么就没有比肉更令人心满意足的下酒菜了。不管是餐厅还是居酒屋，特色菜和招牌菜中绝大多数都是肉类料理。

本书就是以"肉"为主题，不问菜系之别，收集了各种适合搭配酒类的肉料理。

我们挑选出16家在肉料理方面颇受好评的餐厅，请主厨们以下酒为标准，从自己的料理中挑选出5～8道，公开食谱和制作手法。

从分量十足的主菜，到创意十足的小吃，再到必点的炸鸡和烤串，共计100道菜品。

如果通过本书，您能了解各店主厨们如何设计菜单、烹调美味，并能接触到更多变化的肉料理，我们会感到万分开心。

除了肉类料理，我们也关注酒水。既然有可以下酒的肉菜，那么好喝的酒就必不可少了。采访中我们遇到的比较多的是自然派葡萄酒、纯米酒、精酿啤酒，每瓶酒的酿造者都留下了姓名，品质更有保障。人们越来越倾向于选择更自然、更有个性的酒。美味的肉配上可口的酒，搭配方法有着无限的创意。

目　录

● 牛肉

● 猪肉

● 鸭·鹿·猪·加工肉

餐厅

阅读小贴士

· 本书中介绍的餐厅、食谱等信息，都是2019年6月的情况。

· 餐厅菜单会随着季节而变化，并不是所有的菜都可以随时品尝到。

· 食材分量的"1份的量"，是各店按照自己的标准决定的，不一定是1人份。

· "适量""少许"的情况下，请边试味道边酌情调节。

· 加热时间、加热温度以及火候的调整，可能会因为烹饪工具的差别而产生不同。

· 书中提及的鹿肉为养殖的可供食用的品种。

牛肉

马德拉葡萄酒炖牛莠肋眼

神奈川·横滨 "restaurant Artisan"

部位：肋眼

马德拉酒甜煮牛蒡，做成酱汁后搭配烤牛肉。烤肉时的要点在于，首先将牛肉在烤箱中慢慢加热，让牛肉松弛，收尾时则要用明火烤至焦香。牛肉的肉香搭配牛蒡的泥土香，充满野性。为了不让波尔图酒的甜味盖过食材的味道，需要在酱汁中加入足量盐和胡椒，用于调味。

食材 / 1 份的量

肋眼（块）…200 克
大蒜油…适量
盐、黑胡椒…各适量
●马德拉酒煮牛蒡
牛蒡…适量
橄榄油…适量
波尔图酒…适量
小牛高汤…适量
盐、胡椒…各适量
黄油…适量

带叶洋葱…1 个
橄榄油…适量

做法

1. 制作酒煮牛蒡。牛蒡洗净切圆片，放入高温橄榄油中油炸。捞出，放在厨房纸上沥油（图 a）。
2. 将牛蒡放入锅中，加入波尔图酒、小牛高汤熬煮（图 b）。
3. 将牛肉放在盖有烤网的托盘中，涂满大蒜油，放入 300 ℃的烤箱中烤 3 分钟。取出，翻面，再放回烤箱烤 3 分钟（图 c）。
4. 将牛肉从烤箱中取出，静置 5 分钟左右，测量中心温度。如果温度达到 35 ℃左右，就在单面撒上盐和黑胡椒，放在烤网上进行熔岩石烧烤。勤翻面，将牛肉烤上色（图 d、图 f）。
5. 牛肉表面烤焦脆，放入托盘静置 5 分钟。
6. 配菜为带叶洋葱，同样需要放入烤箱烤制。
7. 在做法 2 的马德拉酒煮牛蒡中加入盐、胡椒调味，放入软化的黄油（图 g）。
8. 肉烤好后切开，装盘。淋上酒煮牛蒡酱，放上带叶洋葱，淋一圈橄榄油即可。

制作要点
· 牛蒡带皮使用可以更好地发挥香味。
· 肉是三分熟，最终中心温度在 45 ℃左右。直接在熔岩石燃出的火焰上烤，可使牛肉带有烟熏的香味，同时表面变得酥脆。

▼ **主厨点评**

这道菜搭配的是圣埃美隆产区 2007 年产的红葡萄酒。此酒略带熟成，和酱汁的甜味、牛肉厚重的味道很相称。

木板牛排

神奈川·横滨 "restaurant Artisan"

部位：肋眼

这道连带木板烤制而成的牛排，颇受欢迎。肋眼在浸透了波本威士忌的木板上一边熏制一边上桌，带有一些美式烧烤的风格。烹饪过程十分吸引眼球，带有烟熏风味的牛排也非常新颖。很多客人喜欢这种牛排和波本酒的组合。

食材 / 1 份的量

肋眼…200 克
大蒜油…适量
盐、黑胡椒…各适量
* 波本威士忌（eagle rare）…适量
木板（樱花木）…1 块
● 酱汁
白葡萄酒…适量
小牛高汤…适量
* 油封蒜…适量
盐、胡椒…各适量

带皮烤土豆…1 个

做法

1. 将牛肋眼放在盖有烤网的托盘中，涂满大蒜油，放入 300℃的烤箱中烤 3 分钟。取出，翻面。放回烤箱，烤 3 分钟，静置 5 分钟。
2. 单面撒上盐和黑胡椒，放在烤网上进行熔岩石烧烤。勤翻面，将肉烤上色。将肉表面烤焦脆，放入托盘静置 5 分钟。
3. 制作酱汁。将材料放入小锅中熬煮，放入盐、胡椒调味。
4. 木板抹上波本威士忌使之浸透，把做法 2 切好放在上面，和木板一起放在熔岩石烤架上烧烤（图 a～图 c）。
5. 火烧到木板上后，将木板放在铺有石头的托盘上。配上带皮烤制的土豆，配上酱汁后提供给客人（图 d）。

* 鹰牌（Eagle Rare）波本威士忌是一种在焦化橡木桶中陈化的蒸馏酒。本道菜中使用鹰牌波本，这种威士忌的香味复杂有力。

制作要点 为了不盖住牛肉的味道，酱汁以白葡萄酒为底。放入完整的油封蒜瓣做点缀。

* 油封蒜
大蒜去皮，放入橄榄油慢煮，油浸保存。

主厨点评
用浸过波本酒的木板上菜，让客人整餐都可以享受到烟熏香和波本酒的酒香。

黑毛和牛鞑靼牛排配海胆

神奈川·横滨 "restaurant Artisan"

部位: 牛里脊

　　牛肉和海胆组合而成的鞑靼牛排。美味的和牛里脊肉，加上富含鲜味成分的生海胆作酱汁，打造出奢侈的味道。将肉质柔软的牛里脊肉切成小块，保留口感，加入酱油提味，制成鞑靼牛排。在餐桌上将生海胆和蛋黄拌入牛肉，菜品即完成。可以根据自己的喜好，配上辣味的鸡尾酒酱一同食用。

食材 / 1 份的量

牛里脊（块）…150 克

A ｜ 橄榄油…适量
　｜ 酱油…2 毫升
　｜ 蒜末…2 克
　｜ 欧芹末…2 克
　｜ 黑胡椒…适量

● 烹饪用量
生海胆…适量
蛋黄…1 个
鞑靼调味料（塔巴斯科辣酱、欧式颗粒芥末酱、欧芹末、雪利醋渍洋葱和刺山柑花蕾）…各适量
* 鸡尾酒酱…适量
* 梅尔巴吐司…适量

* 鸡尾酒酱
西红柿泥打底，加入洋葱、大蒜、威士忌、伍斯特酱，塔巴斯科辣酱和山葵泥。

* 梅尔巴吐司
法棍面包切薄片，放入冰箱干燥 1 天，之后放入烤箱中 180 ℃烘烤。

做法

1. 将牛里脊对半切开，熔岩石烧烤炙烤表面。浸入冰水中，冷却后捞出并擦去水分，切成 5 毫米的丁（图 a ~ 图 c）。
2. 牛里脊放入碗中，按顺序加入 A 中的材料，用勺子搅拌均匀。放入盘中的圆形模具中，调整形状后抽出模具（图 d，图 e）。
3. 将鞑靼牛排、蛋黄、生海胆、鞑靼调味料、鸡尾酒酱和梅尔巴吐司放在托盘上，端给客人。在客人面前将适量的生海胆、蛋黄和调味料与鞑靼牛排拌匀，分盘（图 f，图 g）。

制作要点 酱油可以使味道更醇厚，也有消除牛肉腥味的效果。

▼ **主厨点评**

　　虽然是鞑靼牛排，但也想留下肉的嚼头，所以肉块不宜切得过小。将调料拌匀，入味后会变得更好吃。

烤关村牧场红毛和牛后腿肉配波尔多酱

东京·池尻大桥 "wine bistro apti."

部位：牛后腿肉

　　使用宫城县栗原市关村牧场培育的健康红毛和
牛。与黑毛和牛相比，红毛和牛肥瘦比例更为平衡，
瘦肉的肉味和香味也更为清爽。这家店将肉质柔软的
牛后腿肉低温慢慢加热，烤得鲜嫩多汁。搭配的是带
有酸味的红酒酱汁。

食材 /1 份的量

红毛和牛后腿肉…200 克
色拉油…适量
盐、黑胡椒…各适量
蔬菜 [绿芦笋、笋、菜花、甜豌豆、
土豆（五月皇后）、紫胡萝卜、黄胡
萝卜、西蓝花] …适量

● 波尔多酱　准备用量
轻煎洋葱片…100 克
洋葱（切片）…1 个
蒜末…1 瓣
白胡椒…适量
盐…适量
红葡萄酒醋…100 克
雪利酒醋…100 克
红酒…600 克
肉高汤（jusdeviande）…300 克
油面酱…20 克
黄油、三温糖…各适量

①将轻煎洋葱片和洋葱、大蒜、白胡
椒，以及少许盐、醋放入锅中加热，
煮浓稠。
②加入红葡萄酒，继续煮至原水量的
1/2。加入肉汤烧开。加入 20 克左右
的油面酱混合，提高浓度。
③放入盐、三温糖调味，放入软化黄
油。放凉后冷藏保存。

做法

1. 去除后腿肉上多余油脂和筋膜，分切成 200 克　块
的肉块。
2. 在冷的平底锅里倒入色拉油。在做法 1 上撒上盐和
黑胡椒后放入锅中。清理出的牛油也一起放入锅中
小火加热（图 a）。
3. 一边翻动一边加热牛肉表面。表面变热后，将其移
至放有烤网的托盘上，放入 185 ℃的烤箱烤 45 秒。
将牛肉从烤箱中拿出，盖上锡纸，在暖和的地方静
置 5 分钟。这个工序重复两次。静置肉的时候，平
底锅仍然开火，慢烤牛油（图 b ~ 图 d）。
4. 铁扦插入肉的中心确认温度，如果还没有达熟度，
调整秒数重复做法 3（图 e）。
5. 肉烤熟后，加热波尔多酱。炒配菜（图 f）。
6. 装盘之前，烧热平底锅，将肉的表面煎香煎上色，
再盛入盘中。淋上波尔多酱，再配上炒好的蔬菜
即可。

**制作
要点**　波尔多酱是事先准备好的。酱汁浓度较高，在冰
箱里可以保存 1 个月。

▼ 主厨点评
与口感顺滑、味道纯净
的古典葡萄酒搭配十分完美。

a

b

c

d

e

f

香炒野崎牛

大阪·西天满"Az/米粉东"

部位：牛臀肉

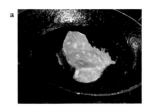
a

这道菜使用鹿儿岛产的"野崎牛"的牛尾肉或牛臀肉进行制作。野崎牛的肥肉不肥腻，红肉也很鲜美，我们会购入状态较好的部位。为了保留牛肉嫩软的优点，要慢慢加热。香料可以给牛肉增添辣味、香味，但同时也要考虑到和葡萄酒的搭配，所以我们用加入了黑胡椒的辣味调味汁来给味道定型。

b

c

食材 / 1 份的量

牛臀肉…130 克
色拉油…适量
莲藕（切片）…4～5 片
扁豆…7～8 根
秋葵…2 个
A ┌ 月桂叶…3～4 片
　　├ 朝天椒…4 个
　　├ 八角…3 个
　　└ 陈皮…适量
清汤…适量
盐　适量
蒜末…适量
* 杜卡香料…适量
* 黑胡椒酱…适量

做法

1. 平底锅里放油烧热后放上牛臀肉，放入 250 ℃的烤箱中烤 2 分钟。取出翻面，再次放入烤箱中，烤 2 分钟（图 a，图 b）。
2. 将牛肉从烤箱中取出，盖上锡纸，静置 10 分钟（图 c）。
3. 莲藕和扁豆过油。秋葵用盐水焯煮。
4. 牛肉静置后放入平底锅中油煎，使表面变脆，然后斜切成片（图 d）。
5. 锅中放入色拉油烧热，放入 A 中的香料，充分翻炒出香味，加入做法 3 的蔬菜翻炒（图 e，图 f）。
6. 再加入做法 4 的牛肉，放入盐、杜卡香料、蒜末，快速翻炒。再加入少许清汤，大火翻炒（图 g）。
7. 取黑胡椒酱入锅，加少许清汤熬煮。煮好后倒入做法 6 的盘子里（图 h）。

d

* 杜卡香料
源自埃及的混合香料。由孜然、芝麻、榛子等捣碎混合而成，很适合肉类料理。

* 黑胡椒酱
蚝油…适量
黑胡椒（粗磨）…适量
酱油…适量
黑醋…适量
酒…适量
葱油…适量
将所有材料放入锅中加热，煮至黏稠。

制作要点
· 牛肉先将一面烤定型。翻面，用余热烤制另一面，并放入烤箱。最后放入平底锅煎香。
· 香料不用碾碎，使用完整香料可以使香气和风味更柔和。

e

▼ **主厨点评**
搭配的是西班牙有名酿酒商制造的歌海娜葡萄酒，很适合香料味道浓厚的异国情调料理。

f

g

h

烤横膈膜

东京・茅场町 "L'ottocento"

部位：牛横膈膜

　　只加盐烤制，就是为了让大家品尝牛横膈膜肉清爽的原味。为了不损失牛肉的汁水，要小心调整火候。仅仅这样做，味道不够有趣，所以在厚切的肉上放上凤尾鱼酱和腌苹果。除此之外，将红芽菊苣烤焦后做成酱汁，红芽菊苣的苦味也是这道菜的看点。

食材 / 1 份的量

牛横膈膜（块）…150 克
盐…肉重量的 1.2%
橄榄油…适量
红芽菊苣…适量
盐…红芽菊苣重量的 1%
* 凤尾鱼酱…10 克
* 糖渍苹果…12 克

* 凤尾鱼酱（准备用量）
蒜末…10 克
调和油…20 毫升
凤尾鱼…12 克
白葡萄酒…40 毫升
放入调和油小火翻炒蒜末至变色，再加入凤尾鱼酱慢慢翻炒。加入白葡萄酒，煮去酒精。

* 糖渍苹果
食材　准备用量
苹果（切片）…240 克
细砂糖…85 克
柠檬汁…20 毫升
欧式黄芥末…32 克

①苹果切成半月形，撒上砂糖、柠檬汁、欧式黄芥末。真空包装，放置 1 晚（图 a）。
②将其放入 100 ℃的对流蒸汽烤箱中，蒸制 20 ~ 30 分钟，取出后浸入冰水中，使其快速冷却（图 b）。
③腌渍过的苹果放入不粘锅中，加热至汁液耗尽。冷却后分成 1 包 12 克的小份。

做法

1. 取出牛横隔膜，静置回温至常温，撒上盐腌制 10 分钟，油煎。
2. 铁质煎锅中倒入橄榄油，预热。放入横膈膜肉，煎至两面带焦色后，放入烤箱中加热 3 分钟。取出，包上锡纸，静置 3 分钟。再放入烤箱中加热 2 分钟，静置 2 分钟。最后再烤 2 分钟（图 c ~ 图 e）。
3. 用橄榄油煎炒红芽菊苣，放盐调味。放入烤箱中保温，待横膈膜肉制作完成后，取出待用（图 f）。
4. 餐盘中铺上红芽菊苣，放上切好的横膈膜肉，再放上凤尾鱼酱和糖渍苹果即可（图 g，图 h）。

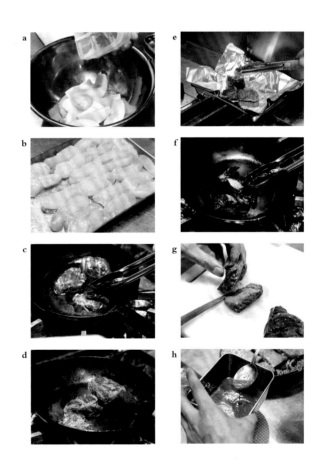

▼ **主厨点评**

西西里岛埃特纳山周围出产的红酒很适合搭配红肉。这里的红酒口感柔和，可以更好地衬托出牛横膈膜的口感。

法国牛肝配栗子蜂蜜酱

神奈川·横滨 "restaurant Artisan"

部位：牛肝

使用法国产的小牛牛肝，腥味小、肉质软嫩。用熔岩石烧烤牛肝外侧，烤至酥脆。土豆泥中最大限度地放入黄油，黏稠的口感与牛肝的甜味十分搭配。再加上香喷喷的栗子蜂蜜酱汁，使这道菜别具一格。适合搭配口味辛辣的白葡萄酒。

食材 /1 份的量

小牛牛肝…120 克
盐、白胡椒…各适量
大蒜油…适量

● 栗子蜂蜜酱
蜂蜜（栗子）…适量
雪利酒醋…适量
黑胡椒…适量
小牛高汤…适量

* 土豆泥…适量
黄油…适量
欧芹末…适量
特级初榨橄榄油…适量

* 土豆泥
土豆水煮，加入牛奶、黄油打成泥。上菜前再加入黄油。一共加入土豆 2～3 倍量的黄油，制成细腻光滑的酱。

做法

1. 准备厚度为 2～3 厘米、每份 40 克的牛肝，撒上盐和白胡椒，抹上大蒜油，进行熔岩石烧烤（图 a，图 b）。
2. 烤制过程中牛肝表面变干的话，就再刷上大蒜油。两面都要烤制。用手指按压牛肝，会回弹就是烤好了（图 c，图 d）。
3. 制作栗子蜂蜜酱。将做酱的材料放入小锅中，煮至黏稠。
4. 土豆泥中加入黄油，加热，将二者充分混合（图 e）。
5. 在碗里铺上做法 4 中的土豆泥，放上煎好的牛肝，淋上煮好的酱汁。最后撒上欧芹，淋上橄榄油即可（图 f）。

制作要点
· 牛肝里有血管的部分去除不用。
· 熔岩石比炭火的火力强，产生的远红外线可以使牛肉外酥里嫩。

主厨点评

这道菜中，土豆泥确实是酱汁而不是配菜，推荐裹在牛肝上食用。

西京味噌烤牛舌

东京·外苑前　杂碎酒场 "kogane"

部位：牛舌

将柔软的舌根切成厚片，使用西京味噌腌制后炭火烧烤。多汁美味的牛舌加上略带甜味的味噌，与温酒十分相宜。味噌用炭火烤香后也是一种美味。再放上带有苦味的豆瓣菜沙拉，味道的多彩变化让食客们乐在其中。

食材 / 1 份的量

牛舌…1 根
西京味噌腌床
　| 西京味噌…适量
　| 酱油、味醂…各适量

烹饪用量

味噌腌牛舌…2 片
豆瓣菜沙拉
　| 豆瓣菜、蘑菇、绿紫苏叶…各适量
　| 柠檬沙拉酱…适量
　| 盐、白胡椒…各适量
　| 特级初榨橄榄油…适量
帕尔玛奶酪…适量

准备 ————————

1. 去掉牛舌背面的筋膜，削去牛舌的皮（图 a）。
2. 使用带有脂肪的舌根部分，切 1 ～ 2 厘米厚的片（图 b）。
3. 西京味噌中放入酱油和味醂稀释。
4. 切成厚片的牛舌两面抹足稀释过的味噌，一片一片叠放在保鲜容器中，腌制 2 ～ 3 天（图 c）。

制作要点 将牛舌上的筋膜打成肉糜，可用来制作博洛尼亚肉酱。将切剩下舌根切成薄片，做成谷中生姜牛舌卷（见 P48）。

完成烹饪 ————————

1. 从味噌腌床中取出牛舌，带着味噌用炭火烧烤。因为味噌容易烧焦，所以用远火烤烤正反两面（图 d）。
2. 豆瓣菜切成方便食用的长度，蘑菇切片，紫苏叶切丝。放入碗中，加入柠檬汁、盐、白胡椒、特级初榨橄榄油拌匀成沙拉。
3. 牛舌烤好后切斜片，装盘。放上沙拉，最后撒上帕尔玛奶酪即可。

制作要点 带着味噌烧烤，成品更下酒。

a

b

c

d

牛尾汉堡

大阪・本町 "gastroteka bimendi"

部位：牛尾

将醇厚美味的炖牛尾做成肉饼，夹在自制的圆面包之间，做成一道自带汉堡风格的菜品。牛尾汤也用于酱汁中，物尽其用。用蒜香浓郁的橄榄油蒜泥酱代替黄芥末，衬托出牛尾的香浓味美。用搭配的略带辛辣的红叶日本芜菁来平衡口味。

食材／1 份的量

● 牛尾肉饼
牛尾…2 千克
调味蔬菜

　洋葱…1 个
　西芹…2 根
　胡萝卜…1/2 根（大）
　月桂叶…适量
红葡萄酒…接近 3 升
吉利丁…适量

● 红酒酱
炖牛尾汤…适量
水溶玉米淀粉…适量
盐…适量

● 橄榄油蒜泥酱
蛋黄…1 个
大蒜…1 瓣
调和油（葵花油：橄榄油 =1：1）…
180 毫升
盐…适量

烹饪用量

牛尾肉饼…直径 6 厘米 × 厚度 2.5 厘米
高筋粉…适量
橄榄油蒜泥酱…适量
红酒酱…适量
自制圆面包…1 个
红叶日本芜菁…适量

准备

[牛尾肉馅]

1. 牛尾切成适当大小后放入高压锅中，加入调味蔬菜，倒入红酒，加压煮 1 个半小时左右。
2. 牛尾变软后取出肉，趁热去掉骨头。
3. 将牛尾肉与泡发的吉利丁混合。
4. 保鲜膜铺开，将牛肉整形成棒状，放在保鲜膜上，并和保鲜膜一起像卷寿司一样卷起来，放入冰箱冷却成形（图 a）。

[红酒酱]

将煮牛尾的汤汁过滤、熬煮，放入水溶玉米淀粉调节浓度。加盐调味（图 b）。

[橄榄油蒜泥酱]

将蛋黄、大蒜、调和油混合在一起，放入搅拌机搅拌出黏性，加盐调味。

完成烹饪

1. 将自制的圆面包横切成两半，放入烤箱中加热。
2. 切分牛尾肉饼，薄薄撒满高筋粉，之后放在铁板上两面煎烤（图 c）。
3. 面包加热后抹上橄榄油蒜泥酱，放上日本芜菁和肉饼，再刷上红酒酱汁，用面包夹住，即可装盘（图 d）。

a

b

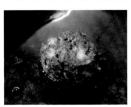

c

d

▼ 主厨点评

　　肉饼是靠食用明胶来固定的。温度升高，肉馅就会散开，会变得很难烤。所以在低温状态下煎烤肉饼是制作的关键。

味噌肉酱豆腐

东京·神乐坂"十六公厘"

部位：牛碎肉

把牛肉煮得像时雨煮一样味道浓郁，更可以让人津津有味地吃下清淡的豆腐和蔬菜。光滑细腻的绢豆腐上放上爽脆的蔬菜丝，再配上大量的肉酱，最后淋上加入葱丝的芝麻酱。味道层次丰富，是一道令人心满意足的下酒菜。

食材 / 1 份的量

牛肉（碎肉）…1 千克
色拉油…适量
洋葱（切碎）…300 克
甜面酱…适量
酱油…适量
糖…适量
味噌…适量

烹饪用量

肉酱…60 克
绢豆腐…1/4 块
黄瓜（切丝）、洋葱（切丝）、胡萝卜（切丝）…各适量
*芝麻酱…适量
葱末…适量
炒白芝麻、*自制辣椒油、香菜…各适量

*芝麻酱
将酱油、醋、芝麻糊、生姜末、洋葱末混合。

*自制辣椒油
将同比例的色拉油和芝麻油混合，加入一味唐辛子、干辣椒、大蒜、洋葱、生姜、葱煮开。浇在另外准备的一味唐辛子和干辣椒上，冷却后过滤。

▼ 主厨点评

除了肉酱，豆腐本身是否美味也是决定味道的关键。

准备

1. 碎肉切成小块，放入热油中，和洋葱一起翻炒。炒熟后加入甜面酱、酱油、砂糖、味噌，煮出甜咸味。
2. 冷却后，分成每份 60 克的小份，冷冻保存（图 a）。

完成烹饪

1. 将绢豆腐放在厨房用纸上，略控去水分。（图 b）
2. 黄瓜、洋葱、胡萝卜切成丝，放入清水浸泡。捞出后滤去水分，拌匀备用。
3. 芝麻酱里拌入葱末（图 c）。
4. 肉酱放进上汽的蒸笼，加热（图 d）。
5. 盘里盛上绢豆腐，上面放上步骤 2 中的蔬菜，再放上加热好的肉酱，最后撒上拌了葱末的芝麻酱（图 e）。
6. 在步骤 5 上撒上葱花、炒白芝麻，淋上自制辣椒油，撒上香菜即可。

a

b

c

d

e

肉团

东京·神乐坂"十六公厘"

这道菜的前身是"韭菜肉团"。虽然韭菜肉团也很受欢迎，但渐渐变得没有新意，主厨便更换食材，开发了"肉团"。只需将店里常备的"肉酱"和鸡蛋炒一炒，就可完成这道快手菜，让人安心的柔和味道是其魅力所在。简单做成球形即可装盘。

食材 / 1 份的量

肉酱…60克（P29）
韭菜…适量
大葱…适量
鸡蛋…2个
A ┃ 盐…2撮 ❶
　┃ 芝麻油…少许
　┃ 酱油…少许
　┃ 蚝油…2～3滴
色拉油…适量

做法

1. 将做好的肉酱解冻备用。
2. 韭菜和大葱切成末。
3. 碗里打入鸡蛋，放入韭菜和大葱，加入A，搅拌均匀，加入肉酱（图a，图b）。
4. 色拉油倒入锅中加热，然后将做法3倒入锅中，翻炒均匀。炒熟后做成圆球形，装盘（图c，图d）。

a

b

c

d

部位：牛碎肉

❶撮指拇指、食指、中指拈起的分量。——译者注

牛肉竹笋天妇罗寿喜锅

东京·三轩茶屋 "komaru"

想把正当时的竹笋加入菜单，于是诞生了这道菜。牛肉卷上竹笋做成天妇罗，配上寿喜锅蘸料和蛋黄，再加上微苦的时令野菜。天妇罗与寿喜锅蘸料的搭配虽然不寻常，但因为食材是牛肉，所以还是非常合适的。这道菜看似普通，但也不是随处可见的大众料理。

食材 / 1 份的量

牛五花（切片）…1 片（30 克）
竹笋（煮）…25 克
茼蒿…10 克
盐…适量
生粉…适量
天水（水溶天妇罗粉）…适量
油炸用油…适量

● 蘸料（准备用量）
清酒…150 克
味醂…150 克
酱油…150 克
粗砂糖 + 上白糖…100 克
* 和式高汤…75 克

水淀粉…适量
炒芝麻（白和黑）…适量
岩盐…适量
蛋黄…1 个

部位：牛五花

准备

1. 制作蘸料。将酒和味醂倒入锅里，开火加热，煮去酒精成分。
2. 加入酱油、粗砂糖、上白糖烧开，使糖溶化。
3. 步骤 2 中加入和式高汤进行混合。

制作要点 只用上白糖调味会过甜，而且煮出来也缺少光泽，所以搭配粗砂糖一起使用。

完成烹饪

1. 竹笋竖切成 2 份（图 a）。
2. 竹笋卷上五花肉片，撒上盐，拍上薄薄的生粉，裹上天水后油炸。茼蒿也拍上生粉，裹上天水油炸（图 b，图 c）。
3. 牛肉炸熟后沥油，和茼蒿一起放入容器中。撒上炒过的黑白芝麻，再配上上岩盐。
4. 蘸料加热，放入水淀粉勾芡，装入小碟中，加入蛋黄。与天妇罗搭配食用。

制作要点 岩盐用来搭配茼蒿天妇罗。

a

b

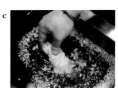
c

和牛咸牛肉

东京・涩谷"酒井商会"

部位：牛臀肉

用牛臀肉制作咸牛肉。用熏制液浸泡，味道慢慢浸透后蒸制。为了保留牛肉的嚼劲，一半用手撕碎，一半用料理机打碎。鲜味浓厚的牛肉，加上生胡椒的清爽辣味，配上葡萄酒或日本酒都很可口。

主厨点评

使用生胡椒调味的咸牛肉略带酸味和辣味，和冰镇的新鲜红酒十分般配。

食材 / 1 份的量

牛臀肉…1.7 千克
胡萝卜、洋葱、西芹…各适量
生胡椒（盐腌）…4 ～ 5 根

● 熏制液（素米尔液）
水…540 毫升
盐…150 克
糖…30 克
浓口酱油…60 克
黑胡椒粒…™适量
山椒❶粒…适量
绿紫苏叶…适量

做法

1. 将制作熏制液的材料合在一起烧开，放入盐、糖溶化，冷却。
2. 牛肉切成大小合适的块。胡萝卜、洋葱、芹菜切片。
3. 在保鲜袋里放入牛肉和蔬菜，倒入熏制液、撕碎的紫苏叶，密封腌制 1 周左右（图 a）。
4. 取出做法 3 中的肉，流水浸泡冲洗 1.5 小时，去盐。
5. 放入蒸笼中，蒸 3 小时左右（图 b）。
6. 冷却后将做法 5 中的一半用手撕碎。另一半放入料理机搅拌（图 c，图 d）。
7. 将做法 6 放入托盘中，混合。将生胡椒粒从枝条上取下，粗粗切碎后拌入（图 e ～图 g）。

a

b

c

d

e

f

g

制作要点
· 将蒸好的牛肉拆开的同时，挑出带筋膜的部分，放入料理机中搅碎。
· 做好后分成小份，放入真空包装袋中，冷冻保存。
· 取出当天需要的量，解冻后使用。

---

❶山椒（zanthoxylum piperitum），并非花椒。有促进新陈代谢、增进食欲的作用。——译者注

炖牛筋

东京·涩谷"酒井商会"

让客人仿佛在品尝日式清汤一样连汤都喝干，算得上非常很有品位的炖牛筋。该店使用的尾崎牛，香味馥郁、入口即化。进货时，卖家处理牛肉摘出来的牛筋也一起买入。鲣鱼高汤中加入山椒，用来炖煮牛筋。这道炖菜咸淡适中，酒至半酣，最为合适。

部位：牛筋

食材 / 1 份的量

牛筋（尾崎牛）…2 千克
水、青葱、生姜…各适量
* 鲣鱼高汤…适量
山椒粒…适量
盐、清酒、淡口酱油、味醂…各适量
萝卜…适量

● 煮萝卜汤底
* 鲣鱼高汤…适量
淡口酱油、味醂、盐、酱油…各适量

烹饪用量
煮牛筋…3 块
煮萝卜…2 块
牛筋汤…适量
甜豌豆…适量
山椒粉：适量

* 鲣鱼高汤
水…1 升
昆布…30 克
鲣鱼花…40 克
昆布泡在水中，开火加热，温度上升到 80 ℃时将昆布取出。汤烧开后放入鲣鱼花，关火。过滤后使用。

准备

1. 牛筋焯烫上霜，加入生姜、青葱，放冷水炖煮 4～5 小时左右。煮软后放入笊篱过滤，沥干水分（图 a，图 b）。
2. 鲣鱼高汤烧开，放入盐、酒、淡口酱油、味醂调味，加入切碎的山椒粒，倒入牛筋，煮入味。将牛筋泡在汤汁中冷却，静置 1 晚（图 c）。
3. 把萝卜切成易于食用的小块，切口刮圆。先焯一下，然后放入汤汁中煮。浸在汤汁中保存（图 d）。

完成烹饪

接到订单后将牛筋、萝卜加热，盛在碗里。牛筋汤调味，倒入碗中。加入煮熟的甜豌豆，撒上山椒粉增加香气。

制作要点 最后添加的山椒粉是用石臼研磨的，购自京都。汤的口味调到可以空口喝的程度，山椒粉用于增香。

a

b

c

d

牛肉、春牛蒡和
干西红柿金平

东京 · 涩谷 "酒井商会"

春牛蒡、莲藕、乌冬等与牛肉相配的时令蔬菜，一起炒煮，制成一道金平牛蒡。半干红柿是味道的关键。不同于平常用来搭配米饭的口味，这道菜酸味和鲜味突出，味道新颖有创意。

部位：牛上脑

食材 / 1 份的量

牛上脑…适量
牛蒡…适量
色拉油…适量
干辣椒（去籽）…适量

● 汤底（比例）
清酒…1 份
味醂…1 份
浓口酱油…1 份
三温糖…适量
鲣鱼高汤…适量

木鱼丝（金枪鱼）…适量
半干番茄（油腌）…适量
青葱（葱圈）…适量

做法

1. 牛上脑切成适合食用的大小。牛蒡切成 3 厘米长的条，迅速过油（图 a）。
2. 锅中放入色拉油和干辣椒，小火炒出香味。放入做法 1 中的牛肉，牛肉变色后放入牛蒡翻炒（图 b）。
3. 依次加入汤底食材炒煮。煮稠后，加入木鱼丝和半干番茄，快速翻炒（图 c）。
4. 装盘，撒上青葱。

制作要点 牛肉可以按时雨煮的做法事先做好备用，除了做成金平牛蒡之外，也可以用作乌冬面的浇头。这样可以在提供给客人前重新加热，再加入牛蒡和干西红柿同炒即可。

干炸黑毛和牛

东京·学艺大学"听屋烧肉"

a

b

c

d

部位：牛外侧后腿肉

使用黑毛和牛的腿肉等瘦肉部位油炸。为了让客人们感受到瘦肉的肉感，将牛肉切成便于咀嚼的大小。腌制酱料以本店的烤肉酱打底，腌制 3 小时左右，让味道渗透到肉中，品尝时无须其他蘸料。

制作要点

· 食材以牛腿肉等瘦肉为中心。切成较厚的方块，保留口感。

· 腌制酱汁以烤肉酱为基础，调至偏甜的口味，更适合用来搭配油炸。

食材 / 1 份的量

牛瘦肉⋯100 克
腌渍酱⋯55 克
生粉⋯适量
油炸用油⋯适量

准备

1. 将牛瘦肉切成 100 克一块的长方块，再切成 5 块正方形块。
2. 在腌制酱中腌 3 小时左右（图 a）。

完成烹饪

1. 腌好的牛肉擦去汁水，撒上生粉，180 ℃油炸 2 分钟（图 b，图 c）。
2. 牛肉静置 1 分钟后，对半切开，切面朝上，装盘（图 d）。

黑毛和牛饺子

东京·学艺大学"听屋烧肉"

黑毛和牛饺子盛在铁板上，热气腾腾，吃起来也是很方便入口的大小。若在烤肉的间隙想换换口味的话，你一定会喜欢这道小菜。食用时可以撒上爽口的橙醋酱油。制作时利用烤肉的边角料，做成肉馅。

食材 / 大约 100 个饺子

● 肉馅
　牛碎肉…800 克
　卷心菜…1 千克
　蒜蓉…5 克
　姜蓉…5 克
　酱油…60 毫升
　绍兴酒…100 毫升
　蚝油…40 克
　芝麻油…90 克
　玉米淀粉…45 克

饺子皮…适量

烹饪用量 1 份的量
饺子…6 个
色拉油…适量
橙醋酱油…适量
博多香葱（葱圈）…适量

准备

1. 利用烤肉中切下的碎肉，放入绞肉机绞成肉泥。
2. 卷心菜切成丝。
3. 将牛肉泥、卷心菜混合，加入其他材料拌匀，搅拌上劲。
4. 摊开饺子皮，各包入 1 勺馅料，捏取饺子的两端，再将剩下的两端捏起包好，调整好形状，冷冻保存（图 a，图 b）。

完成烹饪

1. 接到订单后，平底锅里放入色拉油加热，煎饺子。装盘用的铁板上也抹上色拉油，放在火上加热。
2. 饺子烤出颜色后加水加盖蒸烤，蒸好后取下盖，开大火煮干水（图 c）。
3. 煎的一面朝上放在热铁板上，淋上橙醋酱油，撒上香葱。

部位：牛肉糜

日本人气餐厅佐酒肉料理

雪花牛肉越南春卷

东京·学艺大学 "听屋烧肉"

部位：牛上脑

"越南春卷"是烤肉之余的一道小食，很多客人都会点它来代替沙拉。在烤好的牛肉上，放上炖好的牛筋麻辣酱，加入香草制作的萨尔萨辣酱，再卷上生菜和米粉皮。越南春卷的调味汁里放入了生牛肉酱，有效利用了烤肉店的食材。

食材／1 份的量

● 牛筋酱
炖好的牛筋…100 克（P47）
甜面酱…30 克

● 薄荷香菜萨尔萨辣酱
番茄…275 克
洋葱末…75 克
香菜末…15 克
留兰香薄荷末…10 克
特级初榨橄榄油…20 克
柠檬汁　15 克
盐…5 克

● 越南春卷酱
＊生牛肉酱…150 毫升
橙醋酱油…150 毫升

烹饪用量 1 份

牛上脑（切片）…1 片
米粉皮…1 张
红叶生菜…2～3 片
牛筋酱…15 克
自制萨尔萨辣酱…30 克
香菜…适量
越南春卷酱…10 克

＊生牛肉酱
浓口酱油…600 克
味醂（煮去酒精）…400 克
细砂糖…100 克
蒜蓉…10 克
姜蓉…10 克
白胡椒…3 克
炒芝麻…5 克
混合以上的材料。

准备

[牛筋酱]
将炖好的牛筋肉切碎，与甜面酱混合。

[薄荷香菜萨尔萨辣酱]
西红柿去籽，切成 4 毫米见方的丁，与洋葱、香菜、留兰香混合，放入特级初榨橄榄油、柠檬汁、盐调味。

[越南春卷酱]
将生拌牛肉和橙醋酱油混合。

制作要点 准备了味道浓郁的牛筋酱，还有加入大量香草、带有清新酸味的萨尔撒辣酱，让客人充分享受蔬菜和米粉的美味。

完成烹饪

1. 将米粉皮浸水 3 秒左右，然后擦去水分，小心地打开。
2. 用喷火枪炙烤牛上脑（图 a）。
3. 铺开生菜，放上烤牛上脑，再放上牛筋酱和萨尔萨辣酱，将生菜的两侧折起，然后卷起来（图 b）。
4. 把步骤 3 的食材放在摊开的米粉皮上，从里向外卷起，切成 4 份后装盘。配上香菜和春卷酱（图 c）。

制作要点 为了不让牛肉片过熟，只需用喷火枪烤出香味来。

a

b

c

主厨点评

葡萄酒选用奥地利生产的萨洛蒙绿斐特丽娜。葡萄酒带有药草香味，和蔬菜很配，按杯出售也很受欢迎。

牛心塔利亚塔手卷沙拉

东京·西小山 "fujimi do 243"

部位：牛心

牛心没有什么腥味，可以搭配多种蔬菜制成手卷沙拉。为了充分发挥牛心特有的血香味，多放些盐，再淋上马沙拉葡萄酒煎煮。卡宴辣椒的辣味是沙拉味道的重点。略多放一些辣椒，保证吃完之后口腔中还能留有一些辣感，这样更适合搭配葡萄酒。

食材 / 1 份的量

牛心…100 克
盐…适量
调和油…适量
马沙拉葡萄酒…适量
红叶生菜、红菊苣、苦菊、胡萝卜（切片）、红萝卜（切片）…各适量
帕尔玛奶酪…适量
卡宴辣椒粉、彩椒粉…各适量
特级初榨橄榄油…适量
欧芹…适量

a

e

b

f

c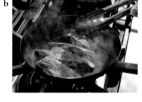

g

d

做法

1. 除去牛心表面的油脂和筋膜，浸泡在牛奶中去血。
2. 为了方便油煎，将牛心切成厚度均匀的块，撒上盐。油热后放入牛心，两面油煎（图 a，图 b）。
3. 煎上色后取出，待余热继续加热（图 c）。
4. 煎锅不洗，在煎出的汁水中加入马沙拉酒，刮下粘在锅底的褐化物。煮去酒精，做成酱汁（图 d）。
5. 将做法 3 切成薄片，试一下味道，不够咸的话加盐（图 e）。
6. 盘上铺 4 片红叶生菜，再分别放上红菊苣、苦菊。再用胡萝卜、红萝卜点缀，最后盛上做法 5 中的牛心。淋上托盘上剩下的汁水和做法 4 中的酱汁，再依次撒上擦碎的帕尔玛奶酪、卡宴辣椒粉、彩椒粉、特级初榨橄榄油，最后装饰上欧芹（图 f，图 g）。

 制作要点

· 牛心过熟的话会变硬，所以要控制好油煎的火候。好好利用煎牛心汁水的鲜味，用在酱料中。
· 用生菜将其他蔬菜卷起来一起吃。

牛肚香菜沙拉

埼玉·富士野"Pizzeria 26"

部位：牛金钱肚

牛金钱肚多次焯水，加入香料和白葡萄酒醋煮沸去腥，最后制成混合沙拉。放入用香菜、橄榄、刺山柑花蕾做成的橄榄酱拌匀，香气扑鼻。使用风味浓郁的哥瑞纳帕达诺奶酪和黑橄榄粉，寻求与柠檬和白葡萄酒醋酸味之间的平衡。

食材 / 1 份的量

牛令钱肚⋯3 千克
白葡萄酒醋⋯适量

A | 生姜（切片）⋯适量
昆布⋯1/2 根
芳香蔬菜⋯适量
白葡萄酒醋⋯适量
岩盐⋯1 撮

烹饪用量

炖牛肚⋯适量
香菜⋯适量
西芹⋯适量
柠檬汁⋯适量
白葡萄酒醋⋯适量
特级初榨橄榄油⋯适量
盐、胡椒⋯各适量

* 香菜橄榄酱⋯适量
哥瑞纳帕达诺奶酪⋯适量
黑橄榄粉⋯适量

* 香菜橄榄酱
绿橄榄⋯200 克
刺山柑花蕾⋯50 克
香菜⋯100 克
特级初榨橄榄油⋯适量
白葡萄酒醋⋯适量
把绿橄榄和刺山柑花蕾放入搅拌机搅拌打碎，打细后再加入香菜，继续搅打。加入特级初榨橄榄油和白葡萄酒醋，充分混合。

准备

1. 牛金钱肚洗净后放入足量水中，加入适量的白葡萄酒醋，焯煮 3 次。
2. 将焯煮好的牛金钱肚和 A 放入锅中，倒入足量的水，加热。煮开后撇去浮沫，小火炖 8 小时。
3. 将牛金钱肚从汤汁中取出，擦去水分，冷藏保存。

完成烹饪

1. 炖好的牛金钱肚切大小合适的丝。西芹也同样切好（图 a）。
2. 将金钱肚和西芹放入碗中，依次加入香菜橄榄酱、盐、胡椒、柠檬榨汁、白葡萄酒醋、特级初榨橄榄油，搅拌均匀入味（图 b，图 c）。
3. 加入香菜，搅拌均匀，盛入容器中，撒上奶酪碎以及黑橄榄粉（图 d）。

制作要点
· 先让牛金钱肚和芹菜入味，再加入香菜。这样香菜才不会太软。
· 牛金钱肚按上述步骤处理好之后，也可以用来做炖菜。

▼ 主厨点评

搭配的是来自意大利地中海沿岸，利古里亚的白葡萄酒竹林小径（Bamboo Road）。柑橘类果实香衬托出香菜的香味，浓缩的鲜美也不输牛肚的鲜美。

白毛肚核桃沙拉

东京·外苑前 "杂碎酒场 kogane"

看起来像青酱意面一样的牛肚沙拉。牛肚仔细洗干净,就不会留有异味,独特的嚼劲和爽脆与蔬菜也很配。香味清爽的罗勒、柠檬,还有能勾起食欲的大蒜,拌匀后味道非常和谐。

a

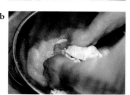
b

c

d

部位:牛毛肚

食材 / 1 份的量

白毛肚…60 ~ 70 克
胡萝卜…1/5 根
黄瓜…1/2 条
西芹…1/2 根
盐、白胡椒…各适量
帕尔玛奶酪…1.5 大匙
* 罗勒油、* 柠檬沙拉酱、* 油浸大蒜…
各适量
烤核桃…适量
帕尔玛奶酪…适量

* 罗勒油
在罗勒中加入橄榄油,放入搅拌机打碎。

* 柠檬调味汁
按橄榄油 2、柠檬汁 1 的比例混合。

* 油浸大蒜
大蒜末油炸,再放入橄榄油中腌制。

准备

1. 给毛肚撒上足够的盐,充分揉搓后用流水仔细清洗,将污垢和腥味清除干净。图中的白毛肚为 1.5 千克(图 a,图 b)。
2. 毛肚擦去水分,褶皱部分向内叠起,切成丝。
3. 黄瓜、胡萝卜、西芹也切成丝,放入水中浸泡。捞出沥干水分备用。

完成烹饪

1. 将白毛肚、黄瓜、胡萝卜、芹菜放入碗中混合,加入盐、白胡椒、帕尔玛奶酪、罗勒油、柠檬调味汁、油浸蒜,拌匀(图 c)。
2. 装盘,撒上烤核桃碎,再撒上帕尔玛奶酪(图 d)。

▼主厨点评

推荐搭配带有酸味、同时美味十足的山废纯米酒,很适合搭配芳香的蔬菜沙拉。

拍松牛心和泰风香菜沙拉

东京 · 外苑前 "杂碎酒场 kogane"

牛心口感爽脆，颇具特色。以这一食材为主料，搭配上香味独特的香菜做成沙拉。为了配合这些个性十足的食材，调料使用香味独特、鲜咸浓郁的鱼酱。再加入脆脆的蔬菜拌匀，使味道调和统一。

食材 / 1 份的量

牛心…80 ～ 90 克
盐、白胡椒…各适量

*Colatura 鱼酱…适量
芝麻油…适量
黄瓜（切丝）、红洋葱（切丝）、西芹
（切丝）…各适量
香菜…适量

鱼酱沙拉酱（比例）

* Garum 鱼酱…1 份
柠檬汁…1 份
橄榄油…2 份
蜂蜜…适量
盐、白胡椒…各适量
炒白芝麻…适量

* Colatura 鱼酱与 Garum 鱼酱

两款都是意大利产的鱼酱，右侧的 Colatura 鱼酱是按意大利传统制法制作的，风味更浓。左侧的 Garum 鱼酱用在沙拉酱中。

部位：牛心

做法 ————

1. 牛心去掉筋膜和粗血管，切成每份约 200 克的块（图 a）。
2. 撒上盐和白胡椒，放在炭火架上，一边翻面一边烤（图 b）。
3. 将烤好的牛心切成细条，加入少量盐、白胡椒、Colatura 鱼酱、芝麻油腌制调味（图 c）。
4. 碗中放入清水浸泡过的黄瓜、红洋葱、芹菜、切成 4 ～ 5 厘米长的香菜，以及做法 3 的牛心。加入鱼酱沙拉酱，拌匀（图 d）。
5. 装盘，撒上碾碎的白芝麻。

a

b

c

d

意式薄切金钱肚

东京·西小山 "fujimi do 243"

将牛金钱肚与香味蔬菜同煮，制成意式薄切牛肉风味。想要在消除牛金钱肚异味的同时，保留内脏肉的香味，为了达到这一目的，我们将牛肚浸泡在汤汁中冷却，浸渍一晚。在这段时间里，溶解在肉汤中的鲜香会回到牛金钱肚中。加入特级初榨橄榄油和调和油补充油脂感。混合使用两种食用油是为了避免香气过浓。

食材 / 1 份的量

牛金钱肚…3 千克
洋葱…1 个
西芹…2/3 根
胡萝卜…1/3 根
大蒜…1 瓣

烹饪用量 / 1 份的量

炖牛金钱肚…50 克
盐、黑胡椒…各适量
调和油、特级初榨橄榄油…各适量
柠檬…适量
哥瑞纳帕达诺奶酪…适量
薄荷…适量
粉红胡椒…适量

部位：牛金钱肚

完成烹饪

1. 焯煮牛金钱肚。焯煮之后将牛金钱肚放入锅中，倒入足量的水，加入切成适当大小的洋葱、西芹、胡萝卜、大蒜，煮 3 小时左右。
2. 捞出蔬菜，让牛金钱肚浸在汤汁中冷却，之后放入冰箱冷藏 1 晚。

制作要点 将炖牛金钱肚浸泡在汤汁里，这样融入汤汁的鲜味会再回到牛肚中。

完成烹饪

1. 将炖好的牛金钱肚切成薄片，排列整齐（图 a，图 b）。
2. 撒上盐和现磨黑胡椒，淋上两种油，挤上柠檬汁，撒上哥瑞纳帕达诺奶酪，放上撕碎的薄荷叶和粉红胡椒碎（图 c）。

制作要点
· 牛金钱肚切薄片，吃起来更方便，也更好入味。
· 如果只使用特级初榨橄榄油的话，会显得香味过浓，所以要配合使用调和油（橄榄油和向日葵油的混合油）。

a

b

c

暖胃橙醋牛筋

东京·学艺大学"听屋烧肉"

这家店的汤和炖菜中都使用了牛肉高汤。黑毛和牛处理，牛肉部分用来烤肉，多出来的牛筋就和芳香蔬菜一起慢慢炖出高汤。这道菜就是将炖高汤用的牛筋作为主角。在鲜香的和牛高汤中加入橙醋酱油，味道清爽，可以带汤一起享用。

食材 / 1 份的量

牛筋…1.5 千克
牛舌…1 千克
胡萝卜、洋葱、西芹、葱头…各适量
水…6 升

烹饪用 2 份量

炖牛筋…80 克
牛高汤…70 毫升
橙醋酱油…30 毫升
葱白丝、香葱（葱圈）…各适量

部位: 牛筋

准备 ——————

1. 锅中放入牛筋、牛舌、胡萝卜、洋葱、西芹、葱头。倒入水，加热（图 a，图 b）。
2. 煮开后撇去浮沫，小火炖 6 小时左右。煮的过程中，也要勤撇浮沫（图 c，图 d）。
3. 捞出蔬菜不用。取出牛筋和牛舌，用厨房纸过滤高汤。

完成烹饪 ——————

1. 在小锅里放入炖牛筋和高汤，加热。
2. 热好后，取每人份 90 克装盘，撒上橙醋酱油，放上葱白丝、香葱。

a

b

c

d

制作要点
· 用厨房纸擦掉附在锅壁上的浮沫，高汤才会干净清澈。
· 不仅仅是牛筋，牛舌、碎牛肉等也一起炖煮，可以应用于各种各样的料理中。

谷中生姜牛舌卷

东京·外苑前 "杂碎酒场 kogane"

部位：牛舌尖

　　将耐嚼的牛舌尖切成薄片，吃起来很方便。卷起清香的谷中生姜，做成一道清爽的烧烤。牛舌预先腌制调味，客人手持着生姜梗即可开吃。酱汁中加入了酱醋，味道醇厚。

食材 / 1 份的量

牛舌尖（切片）…12 片
*腌渍酱…适量
生姜…4 根

酱汁

*腌渍酱…适量
黄油…适量
黑胡椒…适量

*腌渍酱（比例）
酱油…1 份
味醂…1 份
清酒…1 份
酱醋…适量
将酱油、味醂、清酒混合煮沸，加入酱醋，装入瓶中保存。

准备

1. 将牛舌尖部分切成薄片。
2. 将切成薄片的牛舌放入托盘中，淋上酱汁，蒙上保鲜膜，冷藏保存（图 a）。

完成烹饪

1. 根谷中生姜用 3 片牛舌尖。谷中生姜清理干净，根部裹上牛舌（图 b，图 c）。
2. 用炭火烤好，装盘。
3. 腌渍酱放入小锅中烧热、熬煮收汁。加入软化黄油，撒上黑胡椒做成酱汁，浇在做法 2 上即可（图 d）。

小牛玉米炸什锦

东京·外苑前 "杂碎酒场 kogane"

可食用的牛胸腺只能从小牛身上获取，十分稀少。被炸衣包裹住的小牛胸腺，口感细腻柔软。顺滑的肉质搭配上玉米的甜味，成就了一道高品格的菜肴，吸引着众多食客。利用盐、黑胡椒和咸味醇厚的羊奶奶酪衬托肉的味道。

食材 / 1 份的量

小牛胸腺…80 克
玉米（煮后剥粒）…40 克
盐、黑胡椒…各适量
低筋面粉…适量
天妇罗面糊（水溶天妇罗粉）…适量
佩科里诺·罗马诺羊奶奶酪…适量
油炸油…适量

做法

1. 将小牛胸腺放入水中浸泡清洗，切分成一口大小（图 a）。
2. 小牛胸腺放入碗中，撒上盐、黑胡椒腌制。加入煮好的玉米粒。均匀撒上低筋面粉，倒入天妇罗面糊，将小牛胸腺与玉米拌匀（图 b，图 c）。
3. 把做法 2 放在裁成方形的烤纸上，轻轻放入 180 ℃的热油中。油炸过程中烤纸会脱落，将其取出（图 d）。
4. 当面衣炸至金黄酥脆时即可捞出，沥油。
5. 装盘，撒上盐和黑胡椒，再撒上擦碎的罗马诺羊奶奶酪。

制作要点 把食材放在烤纸上再下油锅，炸出来的形状会比较完整漂亮。

主厨点评

川西屋酒造出品的"隆"系列，用从各地订购的酒米和当地的水酿造纯米酒。其中紫红色标签的一款与肉料理十分相配。

a

b

c

d

部位：牛胸腺

特色炖杂碎

神奈川·横浜 "restaurant Artisan"

部位：牛金钱肚

诺曼底地区有一种制作时不使用番茄的炖杂碎，这道菜就是以此为基础，改编得更符合本店风格。炖牛金钱肚时加入适量猪蹄，增添一些胶原蛋白，味道更加鲜美。再加入两种奶酪，口感更加醇厚。最后加入荨麻酒，提升风味的同时还能衬托出内脏的香味。

食材 / 1 份的量

牛金钱肚…1 千克
猪蹄…1 只

● 汤底
白葡萄酒…适量
鸡高汤…适量
香料束（迷迭香、百里香、月桂叶、西芹茎等）…适量

烹饪用量

炖杂碎　200 克
盐、白胡椒…各适量
古老也奶酪…适量
帕尔玛奶酪…适量
混合香料（欧芹、莳萝）…适量
* 荨麻酒…适量
特级初榨橄榄油…适量
* 埃斯普莱特辣椒粉…适量

* 荨麻酒
法国的一种利口酒。制作方法流传自修道院，特征是使用大量草药产生出的独特香味。

* 埃斯普莱特辣椒粉
法国巴斯克地区埃斯普莱特村生产的辣椒，辣中带甜。

准备

1. 将牛金钱肚和猪脚放入锅中，加入足量的醋盐水焯煮。重复 3 次去除异味，之后用冷水冲洗（图 a）。
2. 把牛金钱肚切成一口大小（图 b）。
3. 处理好的牛金钱肚和猪蹄放入锅中，倒入等量的白葡萄酒和鸡高汤，放入香料束同煮（图 c）。
4. 烧开后撇去油脂和浮沫，盖上盖子小火炖 6 小时左右。

制作要点 猪蹄里的胶原蛋白会转化为鲜味。在炖的过程中肉会煮散，所以连骨头一起炖。

完成烹饪

1. 客人点餐后，将煮好的杂碎放入小锅中，加少许水，盖上盖子加热。加入盐、白胡椒调味。加入古老也奶酪，关火，拌匀（图 d）。
2. 将上一步的食材移至小铁锅中，撒上帕尔玛奶酪、混合香料、荨麻酒、橄榄油和辣椒粉（图 e，图 f）。

佛罗伦萨风味炖牛杂

东京·外苑前"杂碎酒场 kogane"

部位：牛皱胃

　　咽下肚后舌尖才慢慢感受到炖牛皱胃的辣，这滋味让人欲罢不能。该系列的 3 家店铺都主打意大利料理，从烹饪方法到使用的调味料等各个环节都融入了意大利元素。佛罗伦萨风味炖牛杂（Lampredotto）使用了内馅是糊状的意大利辣肉肠作为调料。再加上炒蔬菜和凤尾鱼等复杂风味，菜品的味道很有层次。

食材 /1 份的量

牛皱胃…1 千克
大葱头、月桂叶、葡萄酒…各适量

● 汤底
混炒洋葱、胡萝卜、芹菜…200 克
凤尾鱼…40 克
大蒜…2 瓣
意大利辣肉肠（Nduja）…90 克
白葡萄酒…食材的约半量
意大利欧芹…适量

烹饪用量

炖牛皱胃…100 克
帕尔玛奶酪、橄榄油…适量
枥尾油豆腐…1/2 块
意大利欧芹…适量
黑胡椒…适量

* 意大利辣味萨拉米肠
起源于意大利卡拉布里亚省的一种糊状辣味香肠。味道辛辣，也被用作意大利面和比萨的调味料。

准备

1. 使用新鲜的牛皱胃，用盐搓洗，再用面粉揉搓后流水冲洗。冷水焯煮（图 a）。
2. 另起一锅水，将牛皱胃与大葱头、月桂叶、白葡萄酒同煮 5 ～ 6 小时。
3. 炖软后再焯煮一遍，冷却后切成细条（图 b）。
4. 在锅里放入牛皱胃和汤底材料，煮 20 ～ 30 分钟（图 c，图 d）。

制作要点　
· 用盐和小麦粉，分两个步骤去除牛皱胃特有的味道，这样菜的味道会更清爽。
· 蔬菜要慢慢炒出甜味和鲜味，汤汁的味道才会更浓。

完成烹饪

1. 将炖好的牛皱胃放入小锅中加热，加入帕尔玛奶酪、橄榄油，搅拌均匀（图 e）。
2. 将油豆腐放在炭火上两面烤，对半切开，放入碟中（图 f）。
3. 在油豆腐上放奶酪和橄榄油拌好的牛肉，撒上帕尔玛奶酪、意大利欧芹和现磨黑胡椒。

▼ **主厨点评**

枥尾油豆腐是这道炖菜的好搭档，可以中和衬托牛杂浓厚的味道。稍微烤一下，发挥油豆腐脆脆的口感。

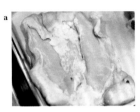
a

b

c

d

e

f

番茄白扁豆炖牛舌

东京·学艺大学"听屋烧肉"

部位：牛舌

该店的下酒菜很丰富，吧台席上常有很多女性客人独自一人享用烤肉。酒类以自然派葡萄酒为主，店里准备了味道柔和的料理用于搭配。番茄白扁豆炖牛舌的味道十分家常安心。在煮牛高汤时，将牛舌放入一起炖煮，省时省力。

食材 /10 ~ 11 份的量

炖好的牛舌…900 克（P47）
白扁豆　200 克
橄榄油…30 克
蒜末…10 克
辣椒（切圈）…0.5 克
洋葱末…60 克
西芹末…40 克
培根碎…50 克
牛高汤…300 毫升（P47）
番茄丁（水煮罐头）…700 克
迷迭香…2 根
无盐黄油…30 克
盐…12 克

烹饪用量

番茄白扁豆炖牛舌…180 克
特级初榨橄榄油…3 毫升
黑胡椒…0.1 克

准备 —————————

1. 把炖好的牛舌切成 2 厘米大小的丁。白扁豆清水泡发，稍稍焯一下水。
2. 锅里放入橄榄油、大蒜、辣椒，开火加热。
3. 炒香后加入洋葱、西芹翻炒。炒干蔬菜里的水分后放入培根，炒出培根的油脂（图 a）。
4. 将牛高汤、水煮西红柿、炖牛舌、白芸豆放入上一步的食材中。煮开后加入迷迭香和黄油，加盐调味。盖上盖子，小火煮 20 ~ 30 分钟。中途不时铲动搅拌（图 b，图 c）。

制作要点　·牛舌易煮散，所以要切得稍大一些。
　　　　　　·炖煮的最后加入黄油，味道会更醇厚。

完成烹饪 —————————

1. 锅中放入番茄白扁豆炖牛舌，加热。
2. 装盘，撒上特级初榨橄榄油，撒上现磨黑胡椒。

柠檬牛舌意大利面

东京·茅场町 "L'ottocento"

部位：牛舌

这道意大利面是从意大利北部的地方料理——蔬菜杂烩肉（Bollito Misto）中得到的灵感。"浅草开化楼"的低加水意大利面口感弹软，可以充分吸收牛舌和鱼的高汤。在吃的过程中可以感受到的鱼高汤的鲜味，柠檬的酸味、苦味融为一体，创造出独一无二的味道。

食材 / 1 份的量

● 蔬菜炖牛舌
牛舌…1 千克
腌料

> 盐…肉重量的 0.9%
> 蒜末…2 瓣
> 月桂叶…2 片
> 柠檬皮…1/2 个
> 调和油…肉重量的 5%

白葡萄酒…适量
调和油 适量
牛油…肉重量的 2%
意式炒洋葱（Onion Soffritto）…肉重量的 30%
意式鱼高汤…肉重量的 50%

● 油煎菜花
芜菁菜花…1 千克
蒜末…10 克
凤尾鱼…10 克
橄榄油…3 克

烹饪用量 1 人份

意大利面（Tonnarelli）…150 克
蔬菜炖牛舌…70 克

* 意式鱼高汤…60 克
番茄酱…15 克
橄榄油…8 克
油煎小番茄…15 克
油煎菜花…20 克
柠檬皮、豆蔻、特级初榨橄榄油、意大利欧芹…各适量

* 意式鱼高汤
炖煮鲷鱼的头和大骨取鱼高汤。意式鱼高汤和中式高汤中的白汤一样，是浓白色的，也可用于肉菜。

准备

[蔬菜炖牛舌]

1. 将牛舌去皮，抹上腌制用的调味料后密封，放入冰箱腌制 1 晚。
2. 腌好的牛舌上撒上白葡萄酒，静置 30 分钟后，放入平底锅中用热好的调和油油煎，将整条牛舌煎出焦黄色。
3. 锅中放入煎好的牛舌，加入牛油、调和油、混炒蔬菜、鱼高汤，炖 3 小时。
4. 取出牛舌。汤汁用手持搅拌器搅拌。牛舌切成 1 厘米大小的方块，放回汤汁中，一起放入保存容器冷藏保存（图 a）。

> **制作要点** 牛舌不要切得太细，切成方块更显存在感。

[油煎菜花]

用橄榄油煎大蒜和凤尾鱼，再用此橄榄油煎芜菁菜花。

> **制作要点** 直接油煎而不焯煮，可以更好地保留蔬菜的苦味和香味。

完成烹饪

1. 意大利面在足量的热水中煮 1 分半左右。
2. 蔬菜炖牛舌肉放入锅中加热，加入鱼高汤、番茄酱、橄榄油拌匀（图 b，图 c）。
3. 将意大利面放入上一步的酱汁中炖煮，让面吸收酱汁。加入煎好的小番茄和芜菁菜花拌匀（图 d，图 e）。
4. 意大利面达到合适的硬度后，盛入容器中，撒上柠檬碎、豆蔻和橄榄油。撒上意大利香芹粗碎（图 f，图 g）。

韩式杂烩粥

东京 · 学艺大学 "听屋烧肉"

吃完烤肉喝完酒的最后一道菜，价格实惠，可以让客人毫无心理压力地点单。食材简单，只使用炖牛肉和木耳。牛高汤打底，加入豆瓣酱、韩式辣酱以增加辣味。即使吃得很饱，浓厚辛辣的味道也让人"放不下筷子"，很受好评。作为最后一道菜，分量也很合适。

部位：牛碎肉

食材 / 1 份的量

牛高汤…200 毫升（P47）
豆瓣酱…20 克
韩式辣椒酱…20 克

＊炖牛碎肉…40 克
木耳…20 克
米饭…130 克
鸡蛋液…1 个
炒白芝麻…适量
干辣椒丝…少许
香葱（切圈）…5 克

＊炖牛碎肉
煮牛肉高汤时，将牛碎肉放入一起炖煮。

做法

1. 锅里放入牛高汤、豆瓣酱、韩式辣酱，搅拌均匀，加热（图 a）。
2. 做法 1 中放入炖牛肉、木耳、米饭稍微炖煮，煮开后倒入蛋液（图 b，图 c）。
3. 装盘，撒上炒好的白芝麻、干辣椒丝和葱花。

▼ **主厨点评**

炖肉和米饭十分柔软，木耳却十分爽脆，带来了口感上的对比。

a

b

c

猪肉

酒糟蓝芝士红烧肉

东京·涩谷 "酒井商会"

猪五花肉油煎定型后蒸软，再炖煮，去除肥肉的油腻。这道菜与店里味道柔和的自然派葡萄酒、纯米酒很相配。酒糟和蓝芝士的搭配让人上瘾，爱喝酒的人更是对它欲罢不能。使用的是用盐腌制 3 年的酒糟。

a

b

c

d

部位：猪五花肉

食材 / 1 份的量

猪五花肉（块）…1 千克

● 红烧肉汤底（比例）
浓口酱油…1 份
味醂…1 份
鲣鱼高汤…8 份
三温糖…适量
糖稀…适量

水淀粉…适量
酒糟（盐腌）…适量
油菜花…适量
蓝纹奶酪…适量

准备

1. 猪五花肉整块放入平底锅中，煎至表面定型，放入蒸笼蒸 3～4 小时至变软。
2. 肉放入冰箱冷却后取出，切成 16 份，放入汤底材料煮 20～30 分钟。浸泡在汤汁中冷却，第 2 天开始使用（图 a，图 b）。

完成烹饪

将红烧肉的汤汁加热，加入水淀粉勾芡，淋在肉上。配上油菜花。将酒糟和蓝纹奶酪混合，放在肉上（图 c，图 d）。

制作要点
· 红烧肉的甜味来自味道温和的三温糖以及糖稀，加入糖稀色泽会更好。
· 蒸好的猪肉一定要放入冰箱或冷冻室中冷却，方便切分。

制作要点
使用的酒糟来自久保本家酒造公司的"睡龙"，用盐腌制 3 年后制成。

三彩糖醋肉

东京·三轩茶屋"komaru"

　　将红烧肉按照本店风格改造成了一道小吃。配上糖醋调味的清炸蔬菜，让不喜欢肥肉的人也愿意品尝。猪肉煮得太过软烂的话，肥肉的感觉会越发突出，所以煮到仍然保留猪肉的嚼劲即可。糖醋的味道不会太甜，调配时使用高汤，再追加鲣鱼花，鲜味更浓。

准备

1. 五花肉切成 80 ～ 90 克一块的大小，放入高压锅中，倒入冷水，加压焯煮。
2. 将猪五花肉放入锅中，加入汤底，炖煮 1 小时左右入味。
3. 做糖醋汁。清酒和味醂同煮，去酒精。加入高汤、糖、醋，煮开。加入鲣鱼花。关火，过滤（图 a，图 b）。

食材 / 1 份的量

猪五花肉（块）…1 千克

·红烧肉汤底
高汤、清酒、味醂、酱油、生姜、葱头…各适量

·糖醋汁
清酒…50 克
味醂…50 克
和式高汤…200 克
上白糖…30 克
醋…25 克
追加鲣鱼花…适量

烹饪用量

红烧肉…80 克
茄子…1/2 根
彩椒（红、黄）…各15 克
油炸用油…适量
鸭儿芹…适量

完成烹饪

1. 茄子和彩椒切成易于食用的小块，清炸。
2. 红烧肉加热后对半切开，装盘（图 c）。
3. 将炸好的茄子、彩椒用糖醋拌好，放在红烧肉的上面。装饰上鸭儿芹，淋上糖醋即可（图 d）。

部位：猪五花肉

烤茄子配萝卜泥姜汁烧肉

东京·三轩茶屋 "komaru"

部位：猪五花肉

冰镇烤茄子配上热腾腾的姜汁烧肉、清爽解腻的萝卜泥、还有带着辣椒味噌味道的橙醋，组合成了一盘绝对下酒的小菜。厨师特意设计了这道适合夏天的菜，来让大家感受茄子的美味。在开始和完成猪五花肉烹饪时，分2次放入姜丝，突出生姜的存在感。

▼ **主厨点评**

辣椒味噌橙醋让菜品整体的味道更加统一协调。鲜辣的辣椒味噌，加上清爽的萝卜泥，让猪五花肉肥而不腻。

食材 / 5～6份的量

猪五花肉（切片）…300克
茄子…适量（根据茄子大小）
● 汤底
清酒…50克
味醂…50克
*日式高汤…300毫升
姜丝…适量

酱油…40克
糖…40克
鹰爪辣椒…2根
盐…1撮
大葱…适量
萝卜泥…适量

*辣椒味噌橙醋…适量
萝卜苗、蘘荷（切丝）…各适量

*日式高汤
水煮高汤昆布，快煮沸时取出昆布。煮沸后加入鲣鱼、飞鱼、乌贼等的混合木鱼花，之后关火，过滤。

*辣椒味噌橙醋
由橙醋酱油和辣椒味噌混合而成。

准备

1. 猪五花肉切成一口大小。
2. 茄子的外皮纵向划几刀，放在烤网上将外皮烤焦。趁热去皮，放入冰箱冷藏进行冷却（图a）。
3. 锅里放入汤底材料中的酒和味醂，煮去酒精。加入日式高汤，放入猪五花肉和一半的生姜丝同煮（图b）。
4. 煮开后撇去浮沫，加入酱油、砂糖、干辣椒，以及剩下的姜丝、大葱。放盐调味，煮10分钟即可（图c）。
5. 煮好后，带汤一起倒入保存容器中，冷却入味（图d）。

制作要点 加入姜丝、辣椒、大葱和香味蔬菜，用高汤煮。这样做可去油腻，煮出清爽的味道。

完成烹饪

1. 接到订单后将猪五花肉重新加热。
2. 茄子冰镇后切成易于食用的大小，装盘。依次放上猪五花肉和稍微挤去水分的萝卜泥，淋上橙醋酱油。再将萝卜苗和蘘荷混合在一起，装饰在上面即可（图e）。

自制香肠

东京·神乐坂"十六公厘"

部位：猪肩肉

将猪肉绞成直径 16 毫米的粗肉糜，这样的香肠吃起来口感更好。店名"十六公厘"便来自这道招牌菜。将肉与猪背油、香料混合，慢慢晾干，浓缩肉的美味和风味。制作时用油煎炸，香肠中的油脂就会融化，变得多汁。搭配在一起的味噌也是非常好的下酒菜。

食材 / 1 份的量

猪肩肉…2 千克
猪背油…200 克
A │ 蒜蓉…1 瓣
　　胡椒…3 克
　　五香粉…3 克
　　盐…30 克
　　迷迭香（粉末）…3 克
　　砂糖…50 克
　　伏特加…100 毫升
猪肠…适量

烹饪用量

自制香肠…1 根
泡水葱丝…适量
香菜…适量

* 味噌…适量
大蒜（切片）…1 瓣
色拉油…适量

* 味噌
将混合味噌、粗砂糖、清酒混合搅拌，加入切碎的大蒜、生姜、洋葱、猪肉泥同煮。加入一味唐辛子、黑胡椒增加风味。

准备

1. 猪背油切 5 毫米厚薄片，冷冻备用。
2. 次日，将冷冻后的猪背油切成 5 毫米见方的丁，冷冻备用。
3. 将猪肩肉切成大小合适的方块，便于搅拌机搅拌。
4. 清水泡发猪肠。
5. 将猪肩肉放入 16 毫米孔径的绞肉机中绞碎。
6. 碗里放入绞好的肉，加入 A 混合，加入做法 2 中的猪背油进一步拌匀。混合好后在碗中摔打肉馅，除去空气。
7. 把猪肠和肉馅装在香肠灌装机上，把肉馅灌进猪肠里，扭成 12 ～ 13 厘米长的一节，并用细绳捆绑。
8. 将香肠悬挂在冷藏柜中，干燥 1 周左右。
9. 将干燥好的香肠放入上气的蒸笼中蒸 5 分钟，上下互换再蒸 5 分钟。
10. 蒸好后放入冰水中，迅速冷却。擦去水分后再放入冰箱干燥 1 周（图 a）。

制作要点 香肠干燥 1 个月左右时最好吃。

完成烹饪

使用低温油炸加热香肠，切成方便食用的厚度，盛在盘中。配上泡过水的葱丝，以及香菜、大蒜、味噌（图 b ～图 d）。

▼ **主厨点评**

很少会有饭店自己做香肠。我想要打造本店的推荐菜品，所以开发了这道菜。

海螺担担烧卖

大阪 · 西天满 "Az / 米粉东"

每隔 2～3 个月，该店就会有新种类的烧卖登场。拍摄期间遇到的是在肉馅中加入芝麻和辣油，做成担担风味的烧卖。肉馅里再放上海螺肉，增加咀嚼性和鲜味。担担风味浓郁，更像一道下酒菜。该店不仅有担担风味和海螺的组合，还会将章鱼和橄榄搭配。不断尝试，常出常新。

部位：猪肉泥

食材 / 30 个量

猪肉糜…500 克

A 　白葱末…1 根
　　韭菜末…1 把
　　*担担酱…100 克
　　花椒粉…1 克
　　辣椒油…少许
　　桂林辣椒酱…20 克

烧卖皮…30 张
海螺（水煮）…15 个
黑醋…适量
火葱（清炸）…适量

*担担酱
1 千克芝麻粉、1 千克芝麻酱，适量香辣酱、桂林辣椒酱、一味唐辛子、韩国辣椒粉拌匀而成。

准备

1. 在猪肉泥中加入 A 中的材料，搅拌均匀成馅料。
2. 展开烧卖皮，各取一口馅料包裹起来，中心放上切成一口大小的海螺肉。
3. 摆放在保存容器中冷冻保存（图 a）。

完成烹饪

1. 烧卖摆入蒸笼里开蒸（图 b）。
2. 蒸好后淋上黑醋，撒上清炸火葱（图 c）。

制作要点 　将火葱切成粗末清炸，酥脆的葱末给烧卖的口感带来变化。

酒糟味噌烤三元猪

东京·六本木"温酒 佐藤"

烤味噌的香味也十分下酒。将三元猪放入西京味噌和酒糟的混合物中腌制，之后用炭火烧烤。这是一道做法简单，却又十分下酒的日式小菜。腌制 2 天后，味噌会渗入肉中，肉也会变得软嫩多汁。

食材 / 1 份的量

梅花肉…120 克
● 酒糟味噌腌床（比例）
西京味噌…4 份
酒糟…1 份
清酒、味醂…各适量

绿色沙拉（生菜、蔬菜芽叶、日本芜菁）…适量
圣女果…1 个
萝卜泥酱油沙拉酱…适量

▼ **主厨点评**

在西京味噌中加入酒糟，味道更显高雅。浓厚的味噌和酒糟的风味很适合温酒。

准备

1. 将西京味噌与酒糟混合，加入清酒、味醂稀释调匀，制成酒糟味噌腌床。
2. 将梅花肉放入酒糟味噌腌床腌制 2 天（图 a）。

完成烹饪

1. 接到点餐后将猪肉从味噌床上取出，略除去多余的味噌后放在烤网上，炭火烧烤两面。大约要烤 10 分钟（图 b，图 c）。
2. 把绿色沙拉和圣女果放入容器中，淋上萝卜泥酱油调料。把猪肉切成易于食用的大小，盛入盘中。

制作要点 为了更下酒，只略除去多余的味噌，让客人可以品尝到味噌的焦香风味。

a

b

c

部位：猪梅花肉

蒜香厚切猪排

东京·神乐坂"十六公厘"

部位：猪梅花肉

　　酸味酱汁混合清炸大蒜和蒜蓉、葱丝，做成调味酱。用大块肉来招待客人，让客人享用分量十足却又不油腻的猪排。猪排和蔬菜也很搭，所以和煎好的茄子、扁豆一起拼盘。再配上绿紫苏叶，增添清爽的香味。

食材 / 1 份的量

猪梅花肉⋯120 克
盐、胡椒⋯各适量
生粉⋯适量
*薄面糊⋯适量
色拉油⋯适量
蛋黄⋯1 个
扁豆⋯7 ～ 8 根

● 大蒜酱
大蒜⋯适量
白葱 ❶（切碎）⋯适量
青葱 ❷（切碎）⋯适量
鹰爪辣椒（切圈）⋯适量
*基础酱汁⋯1 大匙
蒜泥⋯适量
绿紫苏叶（切丝）⋯适量
黑胡椒⋯适量

*基础酱汁（准备用量）

| 酱油⋯600 毫升 |
| 清酒⋯600 毫升 |
| 砂糖⋯200 克 |
| 醋⋯600 毫升 |
| 蒜蓉⋯适量 |

将酱油与酒、糖混合，烧开。冷却后加醋。根据酱料的用量，加入适量蒜泥。

*薄面糊
按小麦粉 2、生粉 1、白玉粉（糯米粉）1 的比例混合，用水溶化。

做法

1. 猪梅花肉切去筋膜，撒上盐、胡椒调味。撒上生粉，裹上薄面糊，入油慢慢炸熟（图 a）。
2. 茄子皮划几刀，切成稍大的滚刀块。
3. 做大蒜酱。大蒜切成较厚的片，油炸上色（图 b）。
4. 将白葱、青葱、鹰爪辣椒放入碗中，加入基础酱料。再加入炸好的大蒜、蒜蓉混合（图 c，图 d）。
5. 猪梅花肉快出锅时，把茄子和扁豆也放入油中清炸。炸熟后将食材全部捞出，沥油（图 e）。
6. 茄子和扁豆装盘。将炸好的猪排切成易于食用的大小，装盘。再大量撒上做法 4 中的酱汁。放上切丝的紫苏叶，撒上黑胡椒即可。

制作要点　大蒜酱的基础酱汁也可以用在油淋鸡中。酱汁中除了加入油炸的大蒜外，还添加了蒜泥，以增强大蒜的风味。

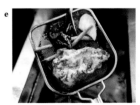

▼ **主厨点评**

为了使炸衣更脆，面糊中混合了小麦粉、生粉和白玉粉（糯米粉）。油炸出来会比较轻盈。

❶ 指葱白部分较多的品种，日语中又称根深葱。——译者注
❷ 指葱叶部分较多的品种，日语中又称叶葱。——译者注

油炸猪舌

东京·西小山"fujimi do 243"

部位：猪舌

　　一根猪舌，从舌根到舌尖，可以让客人们享受到不同的口感和味道。同时，大分量也是这道炸猪舌的魅力。长时间炖煮的猪舌十分柔软，轻轻一刀便可切开，味道也比看上去细腻得多。青酱浓缩着蔬菜的鲜美，用它来调味，吃到最后也不会感到厌烦。

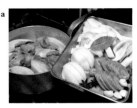

食材 / 1 份的量

猪舌…6 个

● 汤底

洋葱（切大块）…300 克

胡萝卜（切块）…150 克

芹菜（切段）…70 克

月桂叶…1 片

八角…3 克

大蒜…10 克

白葡萄酒…300 克

盐…23 克

烹饪用量

煮猪舌…1/2 根

盐、黑胡椒…各适量

高筋粉…适量

全蛋液、哥瑞纳帕达诺奶酪（粉）…

各适量

面包糠…适量

调和油…适量

黄油…适量

* 腌泡宝塔菜花、芜菁…适量

炖猪舌汤…适量

大蒜油…适量

哥瑞纳帕达诺奶酪、卡宴辣椒、彩椒

粉…各适量

* 青酱…适量

* 腌宝塔菜花、芜菁

油中放入百里香和迷迭香。宝塔菜花

和芜菁切成适合食用的大小，烤出焦

黄色，放入油中腌制 1 天。

* 青酱

意大利欧芹…30 克

刺山柑花蕾…140 克

绿橄榄…136 克

蒜末…50 克

盐…8 克

橄榄油…90 克

所有食材混合在一起，放入料理机

打碎。

准备

1. 锅中放入猪舌，倒入足量的水焯煮。烧开后将水倒掉。

2. 将猪舌排放在锅中，放入汤底材料。倒水没过食材，开火加热。煮开后小心撇去浮沫，盖上锅盖炖大约 4 小时（图 a，图 b）。

3. 炖好的猪舌趁热去皮，之后放入冰箱冷却。完全冷却后纵向切成两半，用保鲜膜包起来冷藏保存。煮过的汤汁用厨房用纸过滤，另外冷藏保存（图 c）。

制作要点 猪舌油炸后，舌根的口感柔软，舌尖的口感酥脆。为了让能享受到不同的口感，我们将舌片竖着切成两半。

完成烹饪

1. 将调和油倒入平底锅，加热。

2. 猪舌切好后，单面撒上盐和黑胡椒，裹上足量高筋面粉并抖去多余的面粉，放入混合了哥瑞纳帕达诺奶酪的蛋液中，撒上面包屑（图 d，图 e）。

3. 把猪舌放入热油中，油炸至面衣酥脆。中途加入黄油。黄油溶于油中后，边淋油边炸。面衣上色后，取到厨房纸上，沥油（图 f）。

4. 将炸好的猪舌装盘，放上腌泡过的宝塔菜花和芜菁。

5. 将凝成冻状的猪舌汁放入小锅中，加热收汁，做成酱汁，淋在猪舌上（图 g，图 h）。

6. 依次撒上哥瑞纳帕达诺奶酪、大蒜油、卡宴辣椒粉、彩椒粉，再配上青酱即可。

制作要点
· 因为猪舌的形状比较复杂，所以要在上面涂满大量的面粉，然后把多余的面粉去掉，这样炸衣才不易脱落。
· 干面包糠碾细后再使用。这样油炸出来后比较好沥油。
· 将吸收了猪舌鲜味的汤汁用作调味汁。

▼ **主厨点评**

推荐意大利卡拉布里亚地区出产的玫瑰红葡萄酒，口味轻盈而有果味，来搭配分量十足但不油腻的油炸猪舌十分合适。

酒吧肉丸子

东京·神乐坂 "jiubar"

部位：猪后腿肉

肉感十足的丸子吃起来很有满足感，加上浓烈而清爽的酸味酱汁，是几乎所有客人都会点的招牌菜。肉丸子经过两道油炸，表面十分香脆，使用新鲜的西红柿做调味酱汁，使酸味更浓。利用现磨青山椒的香味打造清爽的印象。

食材 / 50 份的量

● 肉丸子
猪后腿粗肉糜…5 千克
洋葱末…1.5 千克
生粉…370 克
盐…40 克
白胡椒…适量
芝麻油…20 克
鸡蛋…5 个
姜蓉…100 克

● 酱汁
蒜蓉…400 克
姜蓉…400 克
郫县豆瓣酱…220 克
朝天椒（粉）…40 克
酱油…680 克
醋…680 克
黑醋…680 克
盐…140 克
白糖…900 克
西红柿…2.8 千克

色拉油…适量
水淀粉…适量
青山椒（粒）…适量

▼ 主厨点评

酱汁酸甜带辣，以四川传统的"鱼香"味型为基础。有的顾客十分喜爱这个味道，甚至会点肉丸来配饭。

准备

［肉丸子］
1. 将肉丸子的材料充分混合，做成一个 40 克的丸子。
2. 色拉油烧热，放入上一步的肉丸油炸。
3. 再放入蒸笼蒸熟。
4. 冷却后放入保鲜袋中，冷藏保存（图 a）。

制作要点 为了保留肉的口感，我们使用直径 10 毫米的猪肉糜。冷冻保存会消耗肉中的水分，所以我们冷藏保存，在 2~3 天内使用完。

［酱汁］
1. 锅中放入色拉油烧热，加入蒜蓉、姜蓉、豆瓣酱、辣椒，炒出香味。
2. 酱油、醋、黑醋、盐、白糖混合备用。
3. 西红柿烫一下剥皮，放入料理器中制成糊状，加热。
4. 将上述 3 个步骤的食材混合，冷藏保存（图 b）。

制作要点 为了保留西红柿的清新感，只需加热至温热即可混合。

完成烹饪

1. 接到订单后，将每盘 4 个肉丸子用色拉油炸至表面酥脆，然后沥油（图 c）。
2. 锅中放油，倒入酱汁加热，放入水淀粉调整黏稠度。
3. 将肉丸子倒入酱汁中，连同酱汁一起盛入容器中（图 d）。
4. 撒上现磨青山椒（图 e）。

制作要点 肉丸油炸蒸制过后，在上菜之前再一次油炸，使口感更酥脆。

咕咾肉

东京·神乐坂"jiubar"

部位：猪梅花肉

与大家熟知的咕咾肉稍有不同，这道菜的芡汁是透明的。咸味打底的糖醋芡汁，去掉了黑醋的甜腻。这种搭配是考虑了下酒的需求，经过反复试验而最终形成的。考虑到与糖醋味道的配合，红薯是这道菜中唯一的蔬菜配菜，并不会随季节的变化而改变。

▼ **主厨点评**

咸鲜不腻的咕咾肉，可搭配杜松子酒、白葡萄酒等果味浓郁的酒类一起享用。

食材 / 约 15 份的量

猪梅花肉…1 条（约 1.8 千克）

● 猪肉底味

鸡蛋、蒜蓉、姜蓉、盐、白胡椒、酒、生粉…各适量
红薯…适量
色拉油…适量
生粉…适量
水淀粉…适量

糖醋汁

醋…640 克
粗砂糖…560 克
盐…100 克
蜂蜜…100 克
水…1500 毫升

以上材料混合在一起，放入锅中加热煮开，化开粗砂糖。冷却后放入保存容器中。

准备 ———————————

1. 猪肉切长块，两面斜着划上几刀，切分成每块 20 克的大小。
2. 将底味调料混合，腌制猪肉备用（图 a）。
3. 把红薯切成一口大小的块，放入蒸笼中蒸熟备用。

完成烹饪 ———————————

1. 接到点餐后，在每人份 6 片猪肉上撒上生粉，用色拉油炸至表面变脆。红薯也要油炸（图 b~图 d）。
2. 锅中倒入糖醋汁，倒入水淀粉勾芡。放入猪肉和红薯翻烩，盛入盘中（图 e，图 f）。

**制作
要点** 在猪肉上划几刀，这样猪肉更容易熟，更容易入味，口感也更脆。

a

b

c

d

e

f

猪肉

自制叉烧

东京·神乐坂"jiubar"

部位：猪梅花肉

整块烤制，让客人品尝到热腾腾的叉烧。酱汁中黑胡椒的辛辣，搭配焦香多汁的猪肉，最终构成了这道出色的下酒菜。搭配店家推荐的精酿啤酒和艾雷威士忌苏打，十分合适。

食材 / 10 份的量

梅花肉（块）…120 克 ×10
● 腌渍酱汁
酱油…100 克
蚝油…100 克
味醂…100 克
黑糖…50 克
绍兴酒…50 克
黑胡椒碎（粗粒）…适量

烹饪用量
大葱…适量
叉烧腌渍酱汁…适量

准备

1. 梅花肉分切成每块 120 克。
2. 将腌渍酱汁中的调味料充分混合，腌制猪肉，放置 1 晚。
3. 把腌好的猪肉放入 230 ℃的烤箱中烤 20 分钟，烤至九成熟（图 a，图 b）。
4. 冷却后冷藏保存。

制作要点	在腌渍酱汁中加入大量的黑胡椒。如果附着在猪肉上的黑胡椒量比较少，就再撒一些黑胡椒在肉上，然后烤制。

完成烹饪

1. 接到点餐后，将每块叉烧和切成合适大小的大葱放在烤网上，大葱刷上腌渍酱汁。
2. 放入烤箱里烤 8 分钟左右（图 c，图 d）。
3. 烤好后，剥掉大葱表面烧焦的部分。切分开葱叶和葱白，装盘。淋上腌渍酱汁（图 e）。
4. 叉烧切斜片，放在处理好的大葱上。

▼ **主厨点评**

叉烧在准备时先烤至九成熟，接到订单后再烤剩下的一成左右，就能将菜热乎乎地端给客人了。

春季卷心菜回锅肉

东京·神乐坂"jiubar"

部位：猪五花肉

　　这道菜的设计初衷是可以让客人们多吃一些柔软、甜美的春季卷心菜。汲取在四川成都的回锅肉创始店邂逅的味道带来的灵感。与日本的甜辣口味不同，四川的回锅肉更为辛辣。味道浓厚的猪肉仿佛变成了调味酱，让卷心菜越吃越香。

食材 / 1 份的量

卷心菜…120 克
猪五花肉（涮涮锅用）…80 克
韭菜…适量
色拉油…适量

● 酱汁
蒜末…适量
郫县豆瓣酱…适量
豆豉（切碎）…适量
鹰爪辣椒…2 根
老酒、盐、上白糖、鸡汤…各适量

辣椒油…适量
青山椒（粒）…适量

做法

1. 卷心菜不去芯，切成梳状。把涮涮锅用的猪五花肉片对半切开。韭菜切成 4～5 厘米长的段。
2. 将卷心菜放入蒸笼中，蒸 8 分钟左右（图 a）。
3. 蒸的时候做酱汁。将蒜末、郫县豆瓣酱、豆豉放入油锅翻炒。炒出香味后，加入辣椒、老酒、盐、上白糖、鸡汤搅拌均匀（图 b，图 c）。
4. 在做法 3 中的酱汁中放入猪五花肉炒匀，充分入味后加入韭菜快速翻炒（图 d）。
5. 用剪刀将蒸好的卷心菜菜芯剪下，切成易于食用的大小，盛入容器中，再放上做法 4。最后淋上辣油和青花椒。

制作要点 因为卷心菜不调味，所以猪肉要裹满浓郁的酱汁。

▼主厨点评
浓厚的酱汁与精酿啤酒的苦味和泡沫很相配。

Az 特色回锅肉

大阪·西天满"Az / 米粉东"

部位：猪梅花肉

在制作回锅肉时，不会将猪肉和蔬菜一起烩炒。为了让客人充分品尝到品牌猪的美味，在制作时将猪肉烤成玫瑰色，需要十分注意火候。蔬菜单独酱炒，炒成后就成了搭配猪肉的酱汁。咀嚼厚切的猪肉时，可以感受到肉汁渗出，蔬菜也会变得更好吃。

食材 / 1 份的量

猪梅花肉…150 克
色拉油…适量
卷心菜（切大块）…适量
蟹味菇（掰散）…适量
蒜苗（切 4～5 厘米的段）…适量
白葱（切斜片）…适量
* 回锅肉酱…适量
盐…适量
韩国辣椒粉…适量

* 回锅肉酱（比例）
豆豉…1 份
豆瓣酱…1 份
甜面酱…1.5 份
酱油…1 份
日本酒…适量
蒜末、色拉油…各适量
色拉油和蒜末烧热。加入豆豉、豆瓣酱、甜面酱翻炒。加入酱油、日本酒煮至黏稠。

做法

1. 平底锅里油烧热，放上猪梅花肉，再一起放入 250 ℃的烤箱中，加热 2 分钟。取出，翻面，再次放入烤箱，加热 2 分钟（图 a）。
2. 将猪梅花肉从烤箱中取出，盖上锡纸，静置 10 分钟。
3. 蒜苗过油。
4. 锅里晃匀色拉油，加入卷心菜、蟹味菇、蒜苗、白葱翻炒（图 b，图 c）。
5. 炒匀后加入回锅肉酱，颠匀，翻炒均匀（图 d）。
6. 将做法 2 中的猪梅花肉放回平底锅中，两面煎至香脆（图 e）。
7. 猪梅花肉煎好切斜片，装盘。撒上薄薄的盐，放上做法 5 中的蔬菜，撒上韩国辣椒粉即可（图 f，图 g）。

制作要点 回锅肉通常是将猪肉先煮后蒸，但这样的做法有一个缺点，就是会失去猪肉味。为了防止这种情况发生，我们将猪肉和蔬菜分开烹饪。

▼ **主厨点评**

因为想要猪肉散发出香味，所以在加热的最后要用油煎。随着表面变得焦黄，猪肉味道也更加鲜美。

味噌炒猪肝

东京·神乐坂"十六公厘"

部位：猪肝

味道浓厚的味噌与猪肝搭配相得益彰，让菜品口味更加浓厚，让人想来一杯清爽的威士忌苏打或者生姜酸鸡尾酒。新鲜的猪肝没有腥臭味，切成厚片吃起来让人十分满足。用口感爽脆的木耳来搭配细腻黏软的猪肝。

▼ 主厨点评

想制作出与碳酸酒相配的下酒菜，这是本店的出发点。猪肝味道浓郁，非常下酒。

食材 / 1 份的量

猪肝…120 克
木耳…适量
生粉…适量
色拉油…适量
白葱丝、蒜末、豆豉…各适量
朝天椒、鹰爪辣椒（切圈）…各适量
A ｜ 酒、酱油、砂糖、鸡汤、蚝
油、黄豆酱油（中国产）、胡椒
（白黑混合）…各适量
味噌…适量

* 辣味调味料…适量（P147）
花椒（碎）…适量
* 自制辣椒油…适量（P147）
青葱（切圈）…适量

做法

1. 准备新鲜猪肝，切去筋膜，切分成一口大小的块。木耳用清水泡发。
2. 在猪肝上裹上生粉，放入 180 ℃的油中，稍加煎炸后捞出沥油（图 a，图 b）。
3. 锅中放色拉油烧热，加入白葱、蒜、豆豉翻炒，再加入朝天椒、鹰爪椒翻炒，最后依次加入 A 中的调料（图 c）。
4. 炒匀后加入味噌，化开搅匀，加入做法 2 中的猪肝和木耳翻炒，最后放入辣味调味料（图 d，图 e）。
5. 装盘。撒上花椒，淋上自制的辣椒油，撒上青葱即可。

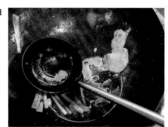

制作要点 猪肝拍上淀粉再油炸，更易吸收味道。

韭菜猪肝

东京·神乐坂"jiubar"

部位：猪肝

将猪肝和韭菜分别炒制，再搭配在一起，这就是"韭菜猪肝"。猪肝腌渍，调一下底味，同时去掉肝的腥臭味。猪肝裹上生粉油炸，这样可以将令人不愉快的味道完全处理干净。韭菜快炒，最大限度地保留香味和口感。这道菜清香没有腥味，很受女性顾客欢迎，点单率很高。

食材 / 1 份的量

猪肝…120 克

● 底味
绍兴酒、酱油、芝麻油…各适量
韭菜…适量

生粉…适量
色拉油…适量

● 酱汁
朝天椒（粉）…适量
豆豉（切碎）…适量
姜末、蒜末…各适量
蚝油…适量
日本酒、酱油、上白糖、鸡高汤…各适量

绍兴酒、酱油…适量

▼ **主厨点评**

裹上生粉油炸，给猪肝加上一层外壳。成品完全感受不到猪肝的异味。

做法

1. 猪肝切成每片 20 克左右的大小，用绍兴酒、酱油、芝麻油腌渍调味（图 a）。
2. 将韭菜的茎、叶分开。茎的部分竖着对半切开。分别切成 4～5 厘米长的段。
3. 给猪肝裹上生粉，放入加热好的色拉油中油炸，炸好后捞出控油（图 b）。
4. 制作酱汁。厨师勺里挖入朝天椒、豆豉、生姜末和蒜末，放入有色拉油垫底的锅中翻炒。炒出香味后，加入蚝油、日本酒、酱油、上白糖、鸡汤混合。
5. 将做法 3 加入做法 4 中，翻炒使食材裹上酱汁，最后连同酱汁一起盛入容器中（图 c）。
6. 锅中放入韭菜，加入绍兴酒、酱油快炒两下，盖在做法 5 上。

制作要点 韭菜单独炒，可以更好地发挥韭菜的爽脆口感和香味。

麻辣猪杂

东京 · 神乐坂"jiubar"

部位：猪杂（大肠）

主厨川上先生在中国四川的乡村地区遇到了这款炖猪杂，他以此为灵感，加重了麻辣味并将这道菜放入了菜单。猪大肠去掉臭味，焯软，用绍兴酒、酱油、蚝油炖煮备用。上菜前放入辣椒油、辣椒、山椒一起加热，以增强辛辣和刺激感。

食料 /15 份的量

猪杂（大肠）…2 千克
● 汤底
水…适量
绍兴酒…适量
酱油…适量
蚝油…适量
姜蓉…适量
蒜蓉…适量

烹饪用量

辣椒油…适量
鹰爪辣椒…2 根
山椒（粒）…1 撮
葱末…适量
鸡汤…适量
香菜…适量
山椒粉…适量

准备

1. 猪杂换水焯煮 2 次，去除腥味。之后炖煮 3 小时左右至变软（图 a）。
2. 炖软后将汤汁倒掉，过冷水。
3. 锅中倒入能浸没猪杂的水。放入绍兴酒、酱油、蚝油、姜蓉、蒜蓉烧开。
4. 烧开后，放入猪杂，煮 1 小时不到。浸泡在汤中冷藏保存（图 b）。

制作要点 反复换水焯煮，去掉内脏的臭味，味道更清爽。

完成烹饪

1. 接到订单后，将上菜用的小锅放入烤箱中加热。
2. 锅中放入辣椒油、鹰爪辣椒、山椒，开火加热。加入一盘 120 克的猪杂和适量的汤汁加热（图 c ~ 图 e）。
3. 热好后撒上葱末，放入鸡汤调味，盛入烤热了的小铁锅中（图 f）。
4. 放上香菜碎，撒上山椒粉即可。

制作要点 用大量的葱末、香菜、山椒粉，给口感和香味带来变化。

主厨点评
刺激的"麻辣味"用来搭配煮得软烂的猪杂十分合适，也是这道菜的亮点。

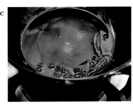

软炖猪腿

东京·茅场町 "L'ottocento"

部位：猪小腿

入口即化的猪展肉，浇上原汤配成的酱汁，这道菜酱香浓郁，惹人垂涎。猪肉带骨炖煮，熬出骨头中的精华，可为菜品增添美味。每盘足有 3～4 人份，推荐给三五人同桌的客人。利用红洋葱酱的甜味、黄芥末的酸味来调节味道，不显单调。

食材 / 4 只小腿的量

猪小腿…4 只
盐…肉重量的 0.9%
橄榄油…适量
汤底

    * 洋葱、胡萝卜和西芹的混炒蔬
    菜…200 克
    红酒…750 毫升
    番茄膏…150 克

* 红洋葱酱
欧式颗粒芥末酱…适量

* 洋葱、胡萝卜和西芹的混炒蔬菜
混合等分量的洋葱、胡萝卜和西芹，
放入食品处理机打碎，用小火炒制。

* 红洋葱酱
红洋葱（切片）…100 克
调和油…适量
凤尾鱼…4 克
细砂糖…13 克
白葡萄酒醋…31 克
油炒洋葱片至变软，加入凤尾鱼略加
翻炒。加入细砂糖和酒醋煮沸。

准备

1. 带骨猪展肉撒上盐，放在冰箱里静置 1 晚（图 a）。
2. 平底锅里放入橄榄油加热。放入猪小腿，将肉的表面全部烤上色，一边翻动一边慢慢烤（图 b，图 c）。
3. 在锅里放入意式混炒蔬菜、红葡萄酒、番茄膏烧开。加水，放入肉。盖上盖子放入 180 ℃的蒸汽对流烤箱中（图 d）。
4. 每隔 30 分钟将肉上下翻面，炖 120 分钟（图 e）。
5. 取出肉，将汤汁熬煮成酱汁（图 f）。
6. 将酱汁冷却，除去凝固的油脂。把煮好的猪展肉和酱汁按份放在一起，真空包装，冷冻保存（图 g）。

完成烹饪

1. 收到订单后放入 100 ℃的蒸汽对流烤箱中，加热 30 ～ 40 分钟（图 h）。
2. 将小腿肉装盘。酱汁熬煮收汁，浇在肉上。配上红洋葱酱和颗粒芥末酱。
3. 给客人展示一下后带回厨房，取下骨头，按人数切分猪肉。

大山猪肉荞麦面

东京·三轩茶屋 "Bistro Rigole"

部位: 猪五花

酱汁包含烤甜菜的甜味和发酵卷心菜的酸味，与荞麦面拌匀制成一道凉拌面，独具特色。煮制汤底和双汤拉面的做法一样，由鸡汤和咸猪肉汤混合而成。发酵的酸味加上番茄汁的酸味，酸味的层次也变得复杂。菜品吃起来的感觉在俄式红菜汤和法式酸包菜猪肉之间。

❶ 指钾硝。——译者注

食材 / 1 份的量

● 咸肉
五花肉…1 千克
烟熏液
　水…1 升
　岩盐…80 克
　硝石❶…6 克
　月桂叶…5 克
　百里香…1 把
　大蒜…1 瓣
　白胡椒（捣碎）…10 克

调味蔬菜
　洋葱（切片）…1 个
　胡萝卜（切片）…1/4 根
　西芹（切片）…1/2 根
　大蒜（对半切开）…3 瓣
　生姜…适量

● 甜菜酱
甜菜（烤）…400 克
蒜末…20 克
油封鸭油…50 克
鸡高汤…1 升
咸肉汤…适量
番茄汁…150 毫升

● 面条
高筋面粉…300 克
橄榄酱（无油分、水分）…150 克
蛋黄…70 ～ 80 克
水…适量

烹饪用量
咸肉…150 克
甜菜酱…80 克
面条…60 ～ 70 克
* 发酵卷心菜…50 克
黑甘蓝…适量
芽苗菜…适量
欧式黄芥末、橄榄粉…各适量
特级初榨橄榄油（Cedric Casanova）…
适量

* 发酵卷心菜
卷心菜切丝，加入食材重量 2% 的盐，加入杜松子、公丁香、百里香和月桂叶。真空包装，常温（25 ～ 30 ℃）发酵 3 天。转移到 15 ℃的地下室内，低温发酵 1 周。

准备

[咸肉]

1. 将烟熏液的材料混合，烧开，冷却（图 a）。

2. 用松肉针在五花肉的两面扎洞，然后放入烟熏液浸泡。蒙上保鲜膜，不让食材与空气接触，腌制 1 周后用盐腌（图 b）。

3. 将盐腌好的猪肉放入锅中，加入调味蔬菜，倒入足量的水后开火煮制。在快烧开时将温度降至 90 ℃，盖上小锅盖，炖煮 6 小时左右，期间保持不沸腾。汤汁煮好后撇去油脂，过滤后用作高汤（图 c）。

4. 猪肉冷却后切块。

[甜菜酱]

1. 甜菜整烤，去皮，放入搅拌机中。

2. 锅中放入油封鸭油和大蒜烧热，加入鸡高汤煮至 1/3 量。煮好后，加入等量的咸肉高汤，煮至 2/3 量（图 d，图 e）。

3. 在甜菜中加入少量上一步中的高汤，用搅拌机搅拌。当酱汁变顺滑时，加入剩余的高汤继续搅拌。最后加入番茄汁搅拌（图 f）。

4. 移入容器中。容器下面放上冰水，迅速冷却。

| **制作**
要点 | ·甜菜放入高汤后不要烧开，防止脱色。
·咸肉高汤自带咸味，所以不加盐味道也足够。
·鸡高汤取自鸡骨和鸡翅。 |

[面条]

1. 将高筋粉放入碗中。中间挖一个坑，放入蛋黄、橄榄酱，与面粉拌匀。水分不足时，用喷雾器补充水分。揉成团并揉到位后，包上湿抹布静置 1 小时。

2. 将面团放到意大利面机上压开，用切割器切成 1.5 毫米宽的面条。

3. 将面条分成 60 ～ 70 克每份，用保鲜膜包起来冷冻备用（图 g）。

完成烹饪

1. 将咸肉全体煎至焦黄，使其表面酥脆。侧面厚厚的脂肪部分也要仔细煎（图 h）。

2. 烤制黑甘蓝，使其变脆。

3. 甜菜酱加热，放入发酵的卷心菜。冷冻的面条煮 1 分钟，捞出，沥干热水，加入酱汁中拌匀（图 i，图 j）。

4. 在碗里盛上用酱汁拌好的面条，放上煎好的咸肉，再挤上欧式黄芥末。放上足量的芽苗菜，之后撒上橄榄粉，淋上特级初榨橄榄油，再配上烤好的黑甘蓝即可（图 k）。

a

g

b

h

c

i

d

j

e

k

f

▼**主厨点评**

将街头美食的构思引入法式风格，就此诞生了新的美食。不落俗套，常常带来惊喜。

猪肉铺那不勒斯意面

东京·神乐坂"jiubar"

部位：猪后腿肉

弹软的中式粗面条，加上番茄味打底的辣酱油，是令人怀念的那不勒斯味道。由于这道菜中的辣味酱汁和肉丸子，人们更愿意把它当作"下酒菜"，而不是作为主食来享用。之所以被冠以"猪肉铺"的名字，是因为这家店的肉菜偏向于用猪肉作食材。

食材 / 1 份的量

肉丸子（P73）…1 个 10 克 ×8 个
蘑菇（生香菇）…20 克
中式粗面条（煮）…120 克
辣酱油…100 克
醋、芝麻油、辣椒油…各适量
香菜末…适量
帕尔玛奶酪…适量

● 辣酱油（易制作的量）
豆瓣酱…30 克
蒜末…30 克
姜末…30 克
番茄酱…1 千克
盐…30 克
上白糖…60 克
水…800 克
清酒…200 克
①色拉油加热，放入豆瓣酱和蒜末、姜末，炒出香味。
②将番茄酱、盐、上白糖、水、酒混合，拌匀。加入上一步的酱拌匀。

主厨点评

面条需要口感和嚼劲，是和一直打交道的面条商一起挑选出来的。肉丸、辣酱油、面条在这道中餐小吃中融为一体。

准备

1. 肉丸、辣酱油做好，备用。
2. 面条煮 1 分半钟左右。
3. 生香菇去柄，切片（图 a）。

制作要点
· 肉丸子是按照 P73 肉丸子的做法，大小是 10 克每个。
· 蘑菇可用鲜香菇、杏鲍菇、灰树花、蟹味菇等。根据采购的情况选择 1 种。
· 为了不让酱汁的味道盖过食材，本道菜品使用了弹软的中式面条。

完成烹饪

1. 将肉丸子和切好的生香菇过油（图 b）。
2. 锅里倒入辣酱油和面条加热。加入肉丸子和香菇，一边炒一边收汁（图 c，图 d）。
3. 面条入味后，加入醋、芝麻油、辣油调味。装盘，撒上香菜和帕尔玛奶酪即可（图 e，图 f）。

制作要点
单独炒韭菜，可以更好地发挥韭菜的爽脆和香味。

a

b

c

d

e

f

手工意面配自制西蓝花肉酱

东京・西小山 "fujimi do 243"

部位：猪肉糜

意式香肠肉馅（Salsiccia）和西蓝花制成的酱汁，让客人在品尝意面时也能获得吃肉的满足感。自制意式香肠肉馅，加入香料提升风味。使用时无需形状整齐，扯下肉馅油煎，这样更有"肉"的感觉。不管是西蓝花还是肉馅，都要一边炒一边压碎，这样可以提高和意大利面的整体感。手工制作的尖头梭面，是传统意大利面的形状。

食材

● 尖头梭面 / 9 份的量
中筋粉（意大利产）…300 克
盐…5 克
橄榄油…10 克
温水…150 克
高筋粉…适量

● 意式香肠肉馅（准备用量）
猪肉糜…500 克
蒜…40 克
迷迭香…3 克
百里香…1 克
茴香…6 克
培根（切丁）…50 克
盐…7 克
黑胡椒…2 克
松子（烤过）…15 克
八角（磨粉）…3 克
哥瑞纳帕达诺奶酪…10 克
白葡萄酒…250 克
鹰爪辣椒…1 个
意式鸡高汤…250 克
橄榄油…80 克

烹饪用量
尖头梭面…60 克
意式香肠肉馅…60 克
西蓝花…60 克
鹰爪辣椒…适量
调和油…适量
白葡萄酒、意式鸡高汤…各适量
橄榄油、盐、胡椒、佩科里诺奶酪…各适量
松子、黑胡椒…各适量

准备

尖头梭面
1. 将中筋粉和盐在碗中混合。加入橄榄油、温水，混合粉液。成团后移到揉面台上（图 a）。
2. 拍上面粉，揉至表面光滑。将面团整成圆形，包上两层保鲜膜防止干燥，饧 30 分钟以上（图 b，图 c）。
3. 取下保鲜膜，将面团重新揉成一团。切出制作量，剩下的用保鲜膜包住保湿。面剂子用擀面杖擀平，切成 4 厘米长、1 厘米宽的棒状（图 d，图 e）。
4. 托盘中铺高筋粉备用。用手将切成棒状的面团拉长。为了防止干燥，马上放入托盘中，摇晃裹上面粉（图 f，图 g）。
5. 每份 60 克，包上保鲜膜冷冻保存（图 h）。

制作要点 因为面团容易干燥，所以无论哪个工序，面团都要注意保湿。
在做面的时候，也要分成小份来制作。

 主厨点评
肉馅中加入八角，回味更加绵长。将八角粗粗打一下，这样咀嚼时香味才会扩散开来。

准备

意式香肠肉馅

1. 准备绞得很粗的猪肉糜，放入大碗中。加入盐、黑胡椒，搅拌至肉糜发白（图 i）。
2. 在肉糜中加入剩余的材料，搅拌。上劲后摔打排气。盖上保鲜膜，冷藏静置（图 j～图 l）。

制作要点 制作前把所有材料都冷却一下，肉馅就不会泄了。

完成烹饪

1. 在煮面水里放入盐，放入西蓝花焯软。
2. 在平底锅中放入调和油和鹰爪辣椒，加热。揪下肉馅摆进油锅油煎。肉馅不要过多移动，煎上色。加入白葡萄酒和鸡高汤，煮去酒精。加入煮好的西蓝花。用食品夹子把肉馅和西蓝花压碎翻炒（图 m～图 o）。
3. 意面煮 3 分 20 秒至 3 分 30 秒。捞出，沥干水分，放入上一步骤的食材中，裹上酱汁。淋上橄榄油，放盐和胡椒调味，再拌入现磨的佩科里诺奶酪碎即可（图 p，图 q）。
4. 意面盛入盘中，撒上捣碎的松子和现磨的黑胡椒。

制作要点 西蓝花的角色是酱汁，需要煮得足够软塌，使其能与肉馅以及意面融为一体。

意式香肠（Salsiccia）、柠檬、马苏里拉奶酪的组合，是经典的意大利比萨。使用 3 个部位的猪肉糜自制意式香肠，肉感十足又鲜嫩多汁，与柠檬的酸味、苦味十分相配。本店共有 12 种比萨。为了让客人感受到饼底的美味，选用了简单的食材。

意式香肠柠檬比萨

埼玉·富士野 "Pizzeria 26"

食材 / 1 份的量

● 意式香肠（25 ~ 28 根）
梅花肉（肉糜）…1 千克
后腿肉（肉糜）…1 千克
五花肉（肉糜）…1 千克
盐…14 克（肉重量的 0.9%）
* 海藻糖盐…13 克
猪肠…适量

烹饪用量

比萨饼底…1 张
意式香肠…1 根
马苏里拉奶酪…适量
柠檬（切片）…适量
迷迭香…适量
黑胡椒、特级初榨橄榄油…各适量

* 海藻糖盐
为了防止肉汁渗出，保持肉的品质，用它来调味。按 100 克盐掺入 30 克海藻糖的比例混合制成。

部位：梅花肉、后腿肉、五花肉

准备

[意式香肠（Salsiccia）]

1. 碗中放入 3 种肉糜，加入盐、海藻糖盐拌匀，放入冰箱静置 1 天。
2. 猪肠泡发，填入肉馅，制成每根 100 克的香肠。

▼ 主厨点评

搭配的葡萄酒是产自意大利弗里赞特发泡酒（Frizzante），和啤酒、苹果酒一样略有苦味。起泡性的葡萄酒有助于消化，适合搭配比萨。

a

b

完成烹饪

1. 将香肠切成 1 个口大的圆片（图 a）。
2. 比萨面团撒上面粉，抛大抛圆（图 b）。
3. 将马苏里拉奶酪瓣碎撒在面团上，放上香肠、柠檬，撒上切碎的迷迭香、黑胡椒，淋上特级初榨橄榄油（图 c）。
4. 在预热至 500 ℃的比萨窑中烤制（图 d）。

c

d

制作要点 比萨的面团使用的不是颗粒较大的粗面粉，而是日本产的小麦粉。提前 1 天准备好面团。

fujimi 特色盖饭 243

（盐煮肉 & 调味水煮蛋配蜂斗菜味噌）

东京・西小山 "fujimi do 243"

以意式杂碎和玫瑰红葡萄酒为卖点的店，设计出了一道盐煮肉盖饭，既意外又有话题性。该如何搭配才能打造出一款人气很高的盖饭呢？经过反复试验才有结论：使用大量的香味蔬菜，消除猪肉异味，也使味道更加鲜咸清爽。蜂斗菜味噌中加入了两种奶酪，味道很浓，光是味噌都能让人多喝两口。

部位：猪五花肉

食材 / 1 份的量

● 盐煮肉
猪五花肉（块）…2 千克
盐…30 克
细砂糖…15 克
● 汤底
> 洋葱…200 克
> 胡萝卜…1/2 根
> 西芹…1 根
> 生姜…100 克
> 蒜…40 克
> 八角…7 克
> 白葡萄酒…170 克
> 黑胡椒粒…2 克

盐…适量

烹饪用量 1 人份

盐煮肉…100 克
盐煮肉汤…3 匙
米饭…1 餐量
海苔碎…适量
* 调味鸡蛋…1/2 个
* 蜂斗菜味噌…适量
菜花…适量
昆布茶…适量

* 调味鸡蛋

将鸡蛋放入沸水中煮 6 分 50 秒，捞出，放入冰水中。冷却后马上去壳，放入同比例的酱油和味醂中腌泡 1 天以上。

* 蜂斗菜味噌

蜂斗菜头…190 克
味噌…46 克
哥瑞纳帕达诺奶酪…32 克
调和油…20 克
细砂糖…3 克
佩科里诺奶酪…3 克
盐…1 克
蜂斗菜头用盐水焯煮，捞出后放入冷水中。挤出水分，和其他材料一起放入食品处理机中打成糊状。

准备

1. 把猪五花肉切成每块 100 克的大小，撒上盐和砂糖，腌 1 晚上（图 a）。
2. 将猪五花肉排列在锅中。倒入足量的水，冷水焯煮。焯过将水倒掉不用。
3. 焯过的猪五花肉摆进锅里，加入汤底材料。加水没过食材，开火加热。煮开后撇去浮沫，放盐调味。盖上纸锅盖炖 3 小时左右（图 b 至图 d）。
4. 冷却后将猪五花肉从汤汁中取出，冷藏保存。汤汁用厨房纸过滤，单独冷藏保存。

完成烹饪

1. 把盐煮猪五花肉切成大小适中的方块。
2. 取出盐煮肉汤汁冻，放入锅中加热。烧开后调小火，放入猪五花肉，慢慢加热（图 e，图 f）。
3. 盐水煮油菜花，挤干水分。
4. 碗里盛上米饭，撒上海苔片，放上加热好的盐煮肉。汤汁稍微收汁后浇在上面。放上油菜花、调味鸡蛋。另外提供蜂斗菜味噌和昆布茶供客人选择使用（图 g）。

制作要点
· 煮饭时加入了少许橄榄油和盐。
· 制作蜂斗菜味噌时，考虑到与葡萄酒的搭配，除了使用白味噌等传统日本调料，还加入了哥瑞纳帕达诺奶酪、佩科里诺奶酪，口感更浓郁。

配上昆布茶，中途倒入饭中，盖饭就变成了茶泡饭。

小食拼盘

（炸猪皮·猪肉冻乳酪泡芙·蚕豆达克瓦兹）

埼玉·富士野"Pizzeria 26"

部位：猪皮、猪耳

　　本店的套餐很受欢迎。巧妙地利用内脏肉做成小菜，制成小吃拼盘。即使是低成本、难卖出价钱的食材，也值得费时费力做成颇有格调的产品，更加超值。炸猪皮是将炖好的猪皮炸得酥脆。乳酪泡芙中的猪肉冻则是起到酱汁的作用。

食材 / 1 份的量

● 炸猪皮
猪皮…适量
盐…猪皮重量的 0.9%
调味蔬菜、生姜、白葡萄酒醋…各适量
高筋粉…适量
调和油…适量
● 猪皮冻酱汁
* 猪耳猪皮冻…100 克
油（橄榄油调和油混合）…200 克

烹饪用量

炸猪皮…1 枚
盐、柠檬汁…各适量
猪皮冻酱汁…适量
乳酪泡芙（加入直径 3～4 厘米的奶酪后烤制而成的酥皮）…1 个
蚕豆泥…适量
达克瓦兹…适量
豆苗…适量

▼ **主厨点评**

西班牙巴斯克地区有一种橄榄油鳕鱼（Bacalao al pil-pil）酱，在这种酱汁的启发下，我想到可以将猪肉冻做成酱汁。尝试了之后，发现和鳕鱼酱的味道区别不大。可以将猪耳猪皮汤好好利用起来。

准备

[炸猪皮]

1. 猪皮上撒自身重量 0.9% 的盐，放置 1 晚。
2. 足量热水中放入调味蔬菜、生姜、白葡萄酒醋，放入猪皮，煮 8 小时左右。
3. 冷却后取出猪皮，擦去水分。切成 3 厘米的方块，裹上薄薄的高筋粉。120 ℃低温慢炸。取出，复炸，将猪皮炸脆（图 a～图 c）。

[猪肉冻酱]

1. 将炖过猪耳和猪皮的汤汁留在锅中冷却，待凝固成冻后取出，放入保存容器中保存备用。
2. 将猪皮冻放入锅中，用小火烧开（图 d）。
3. 将猪皮移至容器中，分次少量加入食用油搅拌，制成蛋黄酱状冷藏保存。冷却凝固备用（图 e）。
4. 使用时移入锅中，用打蛋器搅打，使其变成顺滑的奶油状（图 f）。

制作要点 肉冻中仅放橄榄油的话，香味和风味会过于浓烈，因此使用橄榄油和葵花籽调和油的混合油。

完成烹饪

1. 在炸猪皮上撒上盐，挤上柠檬汁。
2. 把乳酪泡芙切成 2 半，填上猪皮冻酱汁（图 g）。
3. 将蚕豆泥涂在达克瓦兹上，放上豆苗。
4. 将炸猪皮、猪皮冻乳酪泡芙、蚕豆达克瓦兹拼盘。

制作要点 蚕豆达克瓦兹用蚕豆和豆苗来象征春天的万物新生。作为套餐中的第 1 道菜，加入了一些季节感。

什锦猪肉冻

埼玉·富士野 "Pizzeria 26"

部位：猪杂

食材 / 1 份的量

● **什锦猪肉冻**

A 　猪头肉…1 千克
　　猪舌…450 克（2 根）
　　猪肚…1 千克（3 张）
　　猪耳朵…1 千克
　　猪皮…1 千克
　　猪蹄…4 千克
盐…肉重量的 1.4%
调味蔬菜
　　胡萝卜…500 克
　　洋葱…2 个
　　西芹叶…适量
香料束（月桂叶、生姜片 30 克、白胡椒粒）…适量
昆布…1/2 根
白葡萄酒醋…适量

青瓜仔（Cornichons）…150 克
盐、胡椒…各适量

● **黄色哈里萨辣酱 10 份**
黄色彩椒…300 克
橄榄油、盐、胡椒…各适量
凤尾鱼…适量
鹰爪辣椒…1/2 个
大蒜（切片）…适量
梅花肉…40 克
柠檬汁…1/2 个柠檬
柠檬皮…适量
箭叶橙叶…适量

● **法式酸辣酱**
煮鸡蛋…300 克（6 个）
刺山柑花蕾…50 克
青瓜仔…80 克
A 　白葡萄酒醋…适量
　　特级初榨橄榄油…适量
　　塔斯马尼亚芥末…适量

　　使用猪头肉、猪舌、耳、皮之类含有大量明胶质和鲜味成分的部位，花时间炖煮，提取出富有弹性的胶质。用这种肉冻来连接猪肉，做成的就是什锦猪肉冻。肉冻入口即化，用酸辣的哈里萨辣酱和口感丰富的法式酸辣酱（Ravigote Sauce）两种酱汁来调味。

烹饪用量

什锦猪肉冻（2 厘米厚）…1 片
黄色哈里萨辣酱…适量
法式酸辣酱…适量
*西式蘘荷泡菜
*糖渍河内晚柑皮（碎）…适量
意大利 Maricha S.A.S 公司产的
熏制黑胡椒碎…适量
莳萝…适量

*西式蘘荷泡菜
蘘荷…适量
泡菜液
上白糖…120 克
白葡萄酒醋…300 毫升
大蒜…1 瓣
鹰爪辣椒…1 个
白胡椒粒…10 颗
月桂叶…1 片
芥子…适量
盐水轻焯蘘荷，然后用泡菜液
腌制。

*糖渍河内晚柑皮
河内晚柑皮…适量
A 水…1 升
海藻糖…150 克
糖稀…30 克
柠檬汁…15 克
将河内晚柑皮换水焯煮 3 次，放
入 A 中煮 2 小时，浸泡 1 晚上。
第二天再次煮沸，然后干燥。

准备

[什锦猪肉冻（Soppressata）]

1. A 中的猪肉抹上盐放置 1 晚。
2. 将猪肉、调味蔬菜、香料束、昆布、白葡萄酒醋放入汤桶中，倒入足量的水，加热。水开后撇去浮沫，盖上盖子，小火煮 8 小时。中途也要撇去煮出来的浮沫。
3. 炖好后，从汤汁中捞出食材。调味蔬菜只留胡萝卜，去皮切成相同大小的方粒。肉去骨，切碎。香料束和汤底丢弃不用。
4. 另外将青瓜仔切成圆片，备用。
5. 将处理好的肉和胡萝卜、青瓜仔拌匀，用盐、胡椒调味。
6. 把保鲜膜铺在肉冻模具上，倒入上一步骤的食材中，压上重物，放入冰箱冷却凝固。

> **制作要点**
> ·为了不将调味蔬菜煮烂，蔬菜整个或切成两半炖煮。香料束用纱布包裹，用细绳捆绑。
> ·不使用汤汁，而是用肉自带的胶质来凝固。
> ·在剁碎猪肉时，如果发现有骨头，一定要仔细去除。

[黄色哈里萨辣酱]

1. 黄椒去籽去瓤。锅中热橄榄油，放入黄椒，半炒半煮出甜味和香味，撒上盐、胡椒。
2. 黄椒变软后，加入大蒜、鹰爪辣椒、凤尾鱼、猪肉、柠檬皮、箭叶橙叶翻炒。加适量水后盖上盖子，小火蒸煮 15 分钟左右（图 a，图 b）。
3. 挤入柠檬汁，盛入碗中。冷却后用放入搅拌机打匀，酱汁变得细腻光滑后过滤，加盐调味（图 c，图 d）。

> **制作要点**
> 加入富含蛋白质的食材，酱汁的味道就会变得更浓。即使是少量的猪肉也能使味道变得更浓厚。

法式酸辣酱

将水煮蛋、刺山柑花蕾、青瓜仔全部切成末，加入 A 混合，拌匀（图 e）。

完成烹饪

1. 猪肉冻切成 2 厘米厚的片（图 f）。
2. 猪肉冻装盘，配上哈里萨黄辣酱和法式酸辣酱。装饰上蘘荷泡菜和莳萝。撒上糖渍河内晚柑皮和熏制黑胡椒碎。

> **制作要点**
> 熏制黑胡椒是将黑胡椒腌制、烤制而成的。烟熏香让人印象深刻。

a

b

c

d

e

f

葱拌猪舌

东京·神乐坂"十六公厘"

切成薄片的猪舌夹着葱酱和洋葱片吃，是一道味道清爽的小菜。味道很好，让人简直停不下筷子。酱汁的甜味、咸味、酸味都非常醇厚柔和。

部位：猪舌

食材 / 1 份的量

猪舌…1/2 根
酒、盐、葱、生姜…各适量
洋葱（切片）…适量
● 大葱酱
白葱末…适量
青葱末…适量
鹰爪辣椒圈…适量
* 基础酱汁…适量（P69）

黑胡椒…适量
和式黄芥末…适量

准备

水里加酒、盐、葱、生姜，放入猪舌焯煮 15 分钟左右。猪舌冷却后用菜刀去皮，冷藏保存。

完成烹饪

1. 将煮好的猪舌切成薄片（图 a）。
2. 在碗里放入青葱、白葱、鹰爪辣椒，加入基础酱料。搅拌均匀，做成大葱酱（图 b）。
3. 盘中放入清水浸泡过的洋葱，放上猪舌，盖上足量的大葱酱。撒上黑胡椒，配上和式黄芥末。

a

b

肠包肚

东京·三轩茶屋 "Bistro Rigole"

利用法餐加工肉的基本技术制作的肠包肚。厨师发挥自己独特的感性，做成了早餐样式。把猪肚、猪子宫（我国有些地方称为一锭金）、大肠以及味道浓厚的猪颈肉等混合使用，塞进大肠里就成了肠包肚。搭配着山药酱和蛋黄，品尝肉的口感、香味和风味。酱汁里有哈拉佩纽辣椒和酸橙，沙拉里有青木瓜，墨西哥风味是料理的隐藏主题。

部位：猪杂

肠包肚

食材 / 1 份的量

猪肚…500 克

猪子宫…500 克

猪大肠…1 千克

猪颈肉粗肉糜（直径 8 毫米）…500 克

洋葱末…250 克

A 红葡萄酒醋…50 克

　　大藏芥末…50 克

　　盐…60 克

　　白胡椒…4 克

　　肉豆蔻…3 克

　　罗勒…20 克

　　迷迭香…3 克

　　百里香…3 克

猪大肠…2 千克

调味蔬菜

　　洋葱（切片）…150 克

　　胡萝卜（切片）…100 克

　　西芹（切片）…50 克

　　大蒜…3 瓣

做法

1. 冷水焯煮猪肚、猪子宫、猪大肠。冷却后切碎，用布裹住，沥干水分（图 a）。
2. 将 A 中的罗勒、迷迭香，百里香一起放入搅拌机中搅拌。
3. 碗里加入步骤 1 的食材和猪颈肉粗肉糜、洋葱和 A 中的调料，拌匀。转移到保存的容器中，盖上保鲜膜，在冰箱中腌制 1 晚（图 b～图 d）。
4. 将制作香肠用的猪大肠切成约 20 厘米的长度。为了便于填入肉馅，事先将孔撑大（图 e）。
5. 将步骤 3 的食材放入裱花袋中，挤到猪大肠内。不留空间的话大肠就会爆裂，所以注意不要装得太满。两端用细绳系住（图 f～图 h）。
6. 将装好的肠紧密地排放进锅里，加入调味蔬菜和水，加热。煮开后撇去浮沫，炖 4～5 小时。煮的时候用铁签给香肠扎洞。中途水不够时加水（图 i～图 k）。
7. 冷却后每根单独包上保鲜膜，冷冻保存。

制作要点

· 为了保持大肠肠衣新鲜，使用之前都泡在冰水里。

· 中途在香肠上扎洞，便于煮熟，也便于入味。

· 因为肉馅足够有味道，所以汤底不用调味，直接炖煮即可。

山药酱

食材 / 1 份的量

山药…300 克
泡辣椒（哈拉佩纽辣椒）…10 克
酸橙汁…10 克
盐…适量

准备 ———

山药去皮切成圆片，放入搅拌机中。加入酸橙汁、加入泡好的哈拉佩纽辣椒、盐，搅拌黏稠（图 l，图 m）。

制作要点　制作泡哈拉佩纽辣椒。将大蒜、白葡萄酒醋、水混合烧开，浇在哈拉佩纽辣椒圈上。待冷却至常温后放入冰箱中，浸泡 1 周即可。

烹饪用量

肠包肚…1 根
山药酱…适量
罗勒油（用橄榄油稀释罗勒酱）…适量
青木瓜（切片）…适量
蘑菇（切片）…适量
扁豆（3～4 厘米长）…适量
火葱（切片）…适量
芥末沙拉酱（Mustard Dressing）…适量
温泉蛋黄…1 个
盐…适量
香菜…适量
特级初榨橄榄油…适量

完成烹饪 ———

1. 将肠包肚解冻，放入平底锅中油煎，整体煎烤上色（图 n）。
2. 在碗里放入青木瓜、蘑菇、扁豆，加入罗勒油、芥末调味料拌匀（图 o）。
3. 温泉蛋去掉蛋白（图 p）。
4. 盘中放入山药酱，中心放入温泉鸡蛋黄，撒上盐，旁边放上肠包肚。配上步骤 2 的沙拉，装饰上香菜，沙拉淋上特级初榨橄榄油（图 q）。

制作要点
· 加入蛋白的话，味道会变淡，所以只使用蛋黄。
· 沙拉中的罗勒油是用橄榄油稀释罗勒酱制成的。

▼ 主厨点评

温泉蛋的蛋黄放在山药酱上，看起来像一只煎蛋，也是一处小惊喜。比起传统法式酱汁，蔬菜酱汁更适合内脏肉的风味。

白香肠

东京·外苑前 "杂碎酒场 kogane"

部位：猪杂

在猪肉和鸡肉的基础上，加入牛奶和鲜奶油，制成白香肠。再搭配鲜美的蘑菇酱，做成一碟小菜。大量使用了该店特有的猪脸肉、猪蹄、猪耳，醇厚的味道中带有强烈的风味和口感。用牛蒡来配合味道浓厚的蘑菇酱，牛蒡的香味也让人印象深刻。

食材 / 约 20 根香肠的量

● 白香肠
猪耳朵…240 克
猪蹄…240 克
洋葱…3 个
牛奶…适量
猪脸肉糜…1.2 千克
鸡胸肉糜…1 千克
白胡椒…6 克
法式四香料❶…2 克
香菜…2 克
盐…45 克
鲜奶油…450 克
蛋清…400 克
猪肠…适量

● 蘑菇酱
洋葱（切片）…1 个
蘑菇（切片）…500 克
白葡萄酒（煮去酒精）…适量
高汤…适量
鲜奶油…150 克
盐、胡椒…各适量
色拉油…适量

烹饪用量
白香肠…1 根
蘑菇酱…适量
清炸牛蒡…适量
盐…适量

主厨点评

细滑的奶油，多汁的香肠，可以搭配日本产的霞多丽。美味的白葡萄酒很合适这道菜。

准备

[白香肠（Boudin Blanc）]
1. 猪耳和猪脚清理干净，冷水焯煮。之后换清水炖煮 3 小时左右，将食材炖软。
2. 加牛奶没过洋葱，开火煮。煮软后放入搅拌机搅碎。
3. 趁牛奶热的时候，与猪耳朵和去掉骨头的猪脚混合，放入料理机中打成泥，冷却（图 a）。
4. 在大碗里放入猪脸肉糜、鸡肉糜、冷却了的步骤 3 的食材、白胡椒、法式四香料、香菜、盐，搅打均匀（图 b，图 c）。
5. 搅打上劲后加入鲜奶油进一步搅拌，搅拌均匀后加入蛋清搅拌（图 d）。
6. 猪肠泡开备用。步骤 5 中的肉馅以 150 克每根的量填满猪肠，将两端拧紧。用保鲜膜一根一根单独包好，冷冻保存（图 e）。

制作要点 把猪蹄和猪耳放入食品处理机中打细。搭配牛奶煮过的洋葱，更容易和肉馅成为一体。

[蘑菇酱]
1. 锅里放入橄榄油加热，放入洋葱翻炒。洋葱变得透明后加入蘑菇翻炒，加入白葡萄酒、高汤和奶油。
2. 略加收汁后用盐、胡椒调味。放入用搅拌机中打成酱。

完成烹饪

1. 白香肠放入开水中加热，再油煎使其表面变脆。
2. 加热蘑菇酱。
3. 盘里铺上蘑菇酱，放上白香肠。清炸牛蒡上撒盐，装饰在盘中。

制作要点 为了保留肉的口感，肉馅中使用的是直径 10 毫米的粗肉糜。肉馅冷冻保存会变干，所以准备 2~3 天能用完的分量，冷藏保存即可。

❶ 法国传统混合香料，一般由肉桂、公丁香、肉豆蔻加上一味辛辣香料（如胡椒、生姜）配合而成，下文同。——译者注

乡村血肠瓦钵酱

东京·池尻大桥 "wine bistro apti."

部位：猪血

正如菜名中的“乡村”二字所蕴含的，“apti.”的血肠味道十分浓厚。在模具中放入炖软的猪舌、猪蹄和猪耳朵，让客人大快朵颐的同时还能享用到不同的口感。隔水慢慢加热，让猪血均匀受热。加热完成后迅速冷却，这样煮出来的血肠酱才会细腻光滑。

食材 / 长 29.5 厘米 × 宽 8.5 厘米 × 高 6.5 厘米的模具所需用量

A
- 韭葱（或大葱）…150 克
- 洋葱…100 克
- 蒜…50 克
- 鹰爪辣椒…1/2 个
- 油封油…调味勺 1 匙

猪耳、猪颈肉、猪脚（切碎调味）…450 克（见 P112）
油封猪舌（切成 2 ～ 3 厘米的丁）…1 根（见 P112）
猪血…500 克
法式四香料（见 P109）…4 克
盐…10 克（肉和血重量的 1%）
玉米淀粉…16 克
水…适量

烹饪用量

血肠…1 块
* 青豌豆泥…适量
炸薯条…适量
* 糖渍苹果…适量
意大利油醋汁（Vinaigrette）、埃斯普莱特辣椒粉（Piment d'Espelette）…各适量
蔬菜沙拉…适量

主厨点评

搭配的葡萄酒是带有有果味，比较清淡的佳美100%。若有若无的薄荷、香辛料味道与血肠十分相称。

准备

1. 将 A 中的韭葱和洋葱切成片。大蒜去皮，切成两半，去芯。
2. 将 A 放进大锅中，小火慢燵，不要烤上色。
3. 将猪耳和猪颈肉、猪脚、油封猪舌放入碗中，隔水加热软化（图 a ～ 图 b）。
4. 在步骤 2 的锅里放入猪血和步骤 3 的食材、法式四香料、盐。用橡胶刮铲不停搅拌，用小火加热到 50 ℃。温度达到 50 ℃后，将锅暂时从灶上移开，放入水溶玉米淀粉，搅拌均匀。继续加热，一边搅拌一边将温度提高到 60 ℃（图 c ～ 图 d）。
5. 60 ℃时关火，再搅拌 2 分钟，使食材有光泽。
6. 模具涂上色拉油，贴上耐油纸，倒入步骤 5 的食材。
7. 托盘上倒入开水中，放上步骤 6 的食材，放入 90 ℃的烤箱加热蒸烤 40 分钟左右。触摸表面，当表面出现反弹弹力时，放入冰水迅速冷却。之后放入冰箱中静置 1 天（图 e ～ 图 f）。
8. 第 2 天每份单独装袋，冷冻。待血肠酱凝固后真空包装（图 g）。

完成烹饪

1. 色拉油放入平底锅中，加热。放入切好的血肠，煎一下表面。两面都煎好后放入烤箱中加热。
2. 盘中铺上青豌豆泥，放上血肠，配上炸薯条、糖渍苹果、蔬菜沙拉，再淋上意大利油醋汁、撒上埃斯普莱特辣椒粉。

a

b

c

d

e
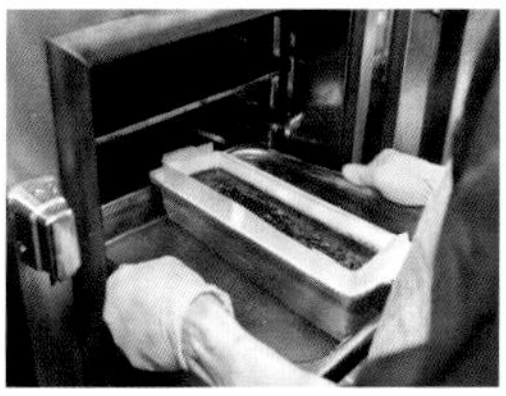

f

g

青豌豆酱

在煮好的青豌豆中加入法式白高汤、鲜奶油、盐，放入搅拌机搅拌。

糖渍苹果

用平底锅加热砂糖，使之焦糖化。放入黄油、马德拉葡萄酒、水，煎煮苹果。

煮猪耳、猪颈、猪脚

食材 / 1 份的量

猪颈肉（块）…1 千克
猪耳朵…1 千克
猪蹄…2 只
盐…39 克（全部肉重量的 1.5%）
硝石…5.2 克（全部肉重量的 0.2%）

* 汤底…适量
* 煮猪肉的汤底是冷冻备用的炖猪舌或猪蹄的汤汁。一边续一边用。如果没有，就放 1 个胡萝卜、1 个洋葱、1 根西芹、1 个大蒜、适量的水和盐，以及月桂叶、百里香、欧芹茎、白胡椒、欧莳萝籽、杜松子、大茴香、公丁香同煮，制成汤底。

做法

1. 去掉猪颈肉上残留的猪毛。猪耳朵和猪蹄用流动水冲洗 2 小时，清理污垢和血液。
2. 擦干水分后，按比例抹上盐和硝石，真空包装腌制 5 天左右。
3. 用水稍稍冲洗做法 2 的食材，放入煮制汤底小火煮 3～5 小时。只需撇去漂上来的浮沫。
4. 煮到铁扦可以轻松穿过时，将猪肉捞出，趁热处理。猪颈肉切成 2～3 厘米的方块。猪耳切 4 厘米宽后切片。取净猪蹄的骨头，肉切成粗末。
5. 将做法 4 的食材放入碗里，放入 180 毫升的汤底，以及盐、白胡椒，调味。
6. 每 1 千克猪肉单独包装冷藏。完全冷却后真空保存。可以冷冻保存。

油封猪舌

食材 / 1 份的量

猪舌…4 根（约 1 千克）
盐…每 1 千克猪舌用 15 克盐（肉重量的 1.5%）
月桂叶、百里香、黑胡椒碎…各适量
油封油…适量

做法

1. 猪舌抹上盐和月桂叶、百里香、黑胡椒碎，放入袋中。挤出空气后扎上袋子，腌 1 天。
2. 将猪舌轻轻用水洗净，除去水分。放入 85～90 ℃的油封油中加热 4 小时左右。
3. 当铁扦可以轻松穿过时，将猪舌移到托盘上，常温冷却。
4. 冷藏。等待完全冷却后，每根猪舌单独真空包装保存。可以冷冻保存。

美食家鸭肝肉派

东京·池尻大桥 "wine bistro apti."

食材 / 长 29.5 厘米 × 宽 8.5 厘米 × 高 6.5 厘米模具所需用量

● 肉派基础材料

粗猪肉糜（5 毫米）…800 克
猪颈肉糜…400 克
鸡白肝…200 克
猪背油…80 克
可果美牌轻煎洋葱片（30%❶）…60 克
蒜末…1 瓣
欧芹末…0.2 把
鸡蛋…2 个

A	盐…20 克
	白胡椒粉…6 克
	砂糖…6 克
	法式四香料…4 克
	硝石…2 克

B	干邑…16 克
	马德拉酒（Full Rich）…16 克
	红宝石波特酒…16 克
	猪血…30 克

猪网油、月桂叶、杜松子全果…各适量

● 放入肉派中的食材

* 盐腌鸡腿肉…120 克（P115）
* 油封鸭肫…120 克（P115）
* 盐腌鸭胸肉…120 克（P115）
* 炖牛舌…120 克（P115）
* 油封鸭肥肝…300 克（P115）
坚果（杏仁、开心果）…60 克

烹饪用量

美食家肉派…1 份
* 西式泡菜（芜菁、花椰菜、胡萝卜、彩椒、襄荷）…酌情适量
* 腌泡紫甘蓝…适量
黑胡椒、盐（盖朗德盐）、欧式黄芥末…各适量

自这家店创业以来，特色菜鸭肝肉派一直十分受欢迎。这道菜使用了大量的鸡肝、牛舌、鸭肫、鸭肉、鸡肉等精心处理的食材，十分奢侈。每一种食材都要经过细心处理，之后压紧熟成。这样"肉"才会融为一体，产生不一样的美味。外卖也好评如潮。

▼ **主厨点评**

肉派中的食材切大块，让客人知道吃的是什么。放置一周左右就会变得非常美味。

---

❶ 指将洋葱煎到原重量的 30%。——译者注

部位：猪肉糜等

准备

1. 将猪背油切成1厘米的丁，冷却备用。鸡白肝放入料理机中打碎备用。轻煎洋葱片切末（图a）。

2. 将粗猪肉糜、猪颈肉糜、鸡白肝、猪背油及A放入大碗中拌匀搅打（图b）。

3. 搅打出黏性后，加入切碎的轻煎洋葱、欧芹、大蒜、鸡蛋，继续搅打。加入B，搅拌均匀（图c）。

4. 把要放入的食材切开。鸭肝加热后会变小，所以切得大一点。其他食材切成一口大小（图d）。

5. 将步骤3的食材等量分开，放进两个碗里。一只碗中放鸡腿肉和油封鸭肫，以及一半的坚果。另一只碗中放鸭胸肉和炖牛舌，加入剩下的坚果。各自揉成一团，排出空气（图e～图g）。

6. 模具上盖上猪网油，填入鸡腿肉和鸭肫的肉馅，到达模具的3/4处。在填入的同时要注意排出肉馅中的空气。上面半边放上一半的鸭肝，之后再放上剩下的鸡腿肉和鸭肫肉馅（图h）。

7. 再将剩下的鹅肝放在另一侧，然后填入鸭胸肉和牛舌的肉馅（图i，图j）。

8. 用猪网油包住肉派，放上月桂叶和杜松子，最后包上铝箔纸（图k）。

9. 将温度计插入肉派的中心，在200℃的烤箱中烤10分钟。在不打开烤箱门的情况下，将设定温度降低到80℃，加热到核心温度到达60℃。

10. 加热结束后压上2千克的重物，将容器浸入冰水中迅速冷却。

11. 冷却后，压着重物放入冰箱冷藏。真空包装，冷藏保存（图l）。

完成烹饪

接到订单后将肉派切片，装盘。配上黑胡椒、盐、欧式黄芥末、泡菜和醋泡紫甘蓝。

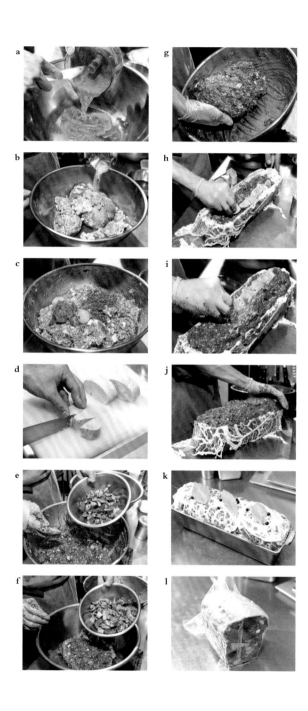

西式泡菜

将酿造醋、盐、糖、水、香料（肉桂、迷迭香、黑胡椒）混合，烧开后冷却，作为泡菜卤。洋葱以外的蔬菜各自切成易于食用的大小，撒上盐后放置 1 小时左右，沥干水分后放入泡菜卤中腌制。洋葱油封后再腌制。

醋泡紫甘蓝

紫甘蓝切成丝，用盐揉搓后腌 1 小时左右，然后挤去水分。放入红葡萄酒醋中烧开，小火煮 10 分钟左右。盖上盖子，常温冷却。撒上盐、白胡椒、醋、橄榄油、核桃油，使其入味。第 2 天开始使用。

油封鸭肥肝

食材 / 1 份的量

鸭肥肝…1 个（约 600 克）
盐…9 克（重量的 1.5%）
糖…3 克（重量的 0.5%）
白胡椒粉…1.8 克（鸭肝重量的 0.3%）
干邑…少许

做法

1. 鸭肝常温解冻，放在托盘上，按比例抹上调味料。倒入干邑，融化托盘上残留的调味料，和鸭肝一起真空包装，放入冰箱腌制 1 天。
2. 在真空包装的状态下，放入 60 ℃的蒸汽对流烤箱中蒸 15 分钟左右。
3. 加热完成后，保持真空放入冷水中冷却降温。将鸭肝取出轻轻放在笊篱上，清理粗大的血管。完成后用保鲜膜包好，放入冰箱冷藏 1 天。完全冷却后真空包装。可以冷冻保存。

油封鸭肫

食材 / 1 份的量

家野杂交鸭的鸭肫（清理后）…1 千克
盐…15 克（重量的 1.5%）
黑胡椒碎…3 克（重量的 0.3%）
月桂叶、百里香…各适量
油封油…适量

做法

1. 用菜刀切去鸭肫坚硬的部分。给处理过的鸭肫称重，量取所需的盐和黑胡椒碎。
2. 把调味料和香料抹在在鸭肫上，装袋。挤出袋子里的空气，绑住袋口，腌制 1 天。
3. 鸭肫取出后放入清水中涮一涮，擦去水分。放入 85 ~ 90 ℃的油封油中，加热 2 ~ 3 小时。加热到铁扦可以轻松穿过后，将鸭肫捞出，放入架有铁网的托盘中，常温冷却。
4. 放入冷藏中。完全冷却后真空包装。可以冷冻保存。

制作要点 原本用的是鸡肫，为了增加肉感换用了杂交鸭的鸭肫。

炖牛舌

食材 / 1 份的量

牛舌…1 根
盐…1 千克牛舌使用 15 克（重量的 1.5%）
黑胡椒粉…1 千克牛舌使用 3 克（重量的 0.3%）
汤底…适量（见 P112）

做法

1. 牛舌焯烫一遍。剥皮。称重，按比例撒上调味料。包上保鲜膜，腌制 1 天。
2. 第 2 天取下保鲜膜，放入汤底中小火煮 4 ~ 5 小时。煮到铁扦可以轻松穿过时，将猪舌放入足够大、比较深的托盘上，倒入汤汁，静置 1 天。
3. 从汤汁中取出猪舌，真空包装。可以冷冻保存。

制作要点 炖好的牛舌除了用在肉派中外，还可以和肥肝一起做成瓦钵酱（Terrine）。

咸渍鸡腿鸭胸肉

食材 / 1 份的量

鸡腿精肉、鸭胸肉…适量
盐…1 千克肉用 10 克（重量的 1.0%）
黑胡椒粉…1 千克肉用 1 克（重量的 0.1%）

做法

给肉抹上盐和黑胡椒，用保鲜膜包住，放入冰箱腌制 1 天。真空包装，可以冷冻保存。

制作要点 鸡腿精肉用盐腌渍后再放入肉派中，这样制作时就不会出水，鸡肉也更有粘性，更容易与肉派融为一体。

猪头肉土豆沙拉

东京·三轩茶屋 "Bistro Rigole"

部位：猪头肉、猪舌

　　将土豆沙拉当作调料，来搭配这道猪头肉。猪头肉是一种制作起来费时费力的食材，但用它的皮、肉、耳、舌、脑等做成的熟食，充满了一般肉类所没有的多彩魅力，和土豆的搭配也很和谐。土豆没有做成常见的土豆泥，而是能给人留下深刻印象的紫红色的土豆沙拉。

猪头肉

食材 / 1 份的量

猪头肉…1 头
猪舌…2 根

● 烟熏液
水…5 升

> 岩盐…400 克
> 硝石…30 克
> 月桂叶…25 克
> 百里香…5 根
> 大蒜…5 瓣
> 白胡椒（碎）…20 粒

调味蔬菜
> 洋葱…4 个
> 胡萝卜…1 根
> 西芹…2 根
> 大蒜…1 株
> 姜末…50 克

白胡椒、欧式黄芥末…各适量

做法

1. 将烟熏液的材料合在一起烧开，冷却。
2. 将猪头肉和猪舌放入烟熏液腌制，盖上保鲜膜不让它接触空气，腌制 1 周左右。
3. 将腌制好的猪头肉和猪舌放入锅中，加入调味蔬菜，倒入足量清水，加热。水烧开前，将温度降至 90 ℃。放入小锅盖，在保持不沸腾的情况下，炖煮 6 小时左右（图 a）。
4. 捞出蔬菜不用，取出猪头肉和猪舌（图 b）。
5. 首先取下猪头肉的下颌骨，然后抬起上颌骨，取出脑浆。最后取下上颌骨（图 c，图 d）。
6. 去掉鼻子上的软骨、眼球。取下耳朵。眼球周围的肉可用（图 e ~ 图 g）。
7. 猪舌去皮，切成适当大小。切下耳朵的软骨部分，切成适当的大小（图 h）。
8. 操作台上铺上保鲜膜，洗净的猪头肉皮朝下放在上面。把猪脸肉切下来，平均铺在猪头肉上。耳朵放在上半部分，猪脑、猪舌均匀排布（图 i，图 j）。
9. 整体撒上白胡椒，中心部分抹上芥末，提起保鲜膜卷成糖果状。抓住保鲜膜的两端，将整块肉卷起来，以隔绝空气。再包上 2 层保鲜膜裹紧（图 k ~ 图 m）。
10. 放入冷冻。冷却后移入冷藏，静置 1 晚入味。
11. 第 2 天，将成形的猪头肉切 3 厘米左右的厚片，真空包装，冷冻保存（图 n）。

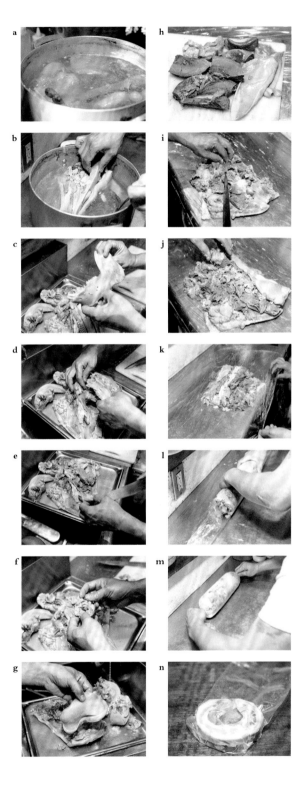

制作要点 购买完整的猪头肉，请卖家对半切开。

土豆沙拉

食材 / 1 份的量

土豆（北光）…1 千克
黄瓜（切圆片）…4 根
凤尾鱼（切粗末）…40 克

洋葱（切片）…1.5 个
自制蛋黄酱…100 克
盐、白胡椒…各适量
腌红萝卜…适量

做法

1. 土豆放入蒸笼蒸软，趁热捣碎备用。
2. 黄瓜切成圆片，用盐揉搓，挤去水分。
3. 凤尾鱼炒好后加入洋葱，蒸煮至变软（图 o）。
4. 将做法 1～3 混合后放入碗中，加入蛋黄酱、盐、白胡椒拌匀（图 p，图 q）。
5. 做法 4 中拌上切碎的腌红萝卜碎（图 r）。

制作要点 制作腌红萝卜。将红萝卜切成薄片，放在托盘上，撒上薄薄的盐和雪利酒醋，盖上保鲜膜腌 1 小时。盐和醋的作用使食材颜色变得鲜亮。

完成烹饪

* 猪头肉…1 片
* 土豆沙拉…适量
紫土豆薯片…适量
甜菜粉…适量

1. 把当天要用的猪头肉放在冰箱里解冻。
2. 平底锅里热油，把猪头肉煎至两面焦黄。
3. 将猪头肉装盘，放上土豆沙拉，配上紫土豆薯片，撒上甜菜粉（图 s，图 t）。

制作要点 土豆品种使用的是暗影皇后（Shadow Queen）。切成薄片，油炸，做成薯片（图 u）。

▼ 主厨点评

用传统手法制作的猪头肉熟食，虽然费时间，但非常耐保存。

羊肉

烤小羊腿

埼玉·富士野"Pizzeria 26"

▼ 主厨点评

一般使用两种酱汁进行搭配，一种带酸味，一种味道浓厚沉稳。希望能让客人品尝到不同口味的羊肉，享受食物的多彩变化。

部位：羊腿肉

这道菜能带来大口吃肉的快乐。整块肉放入比萨窑中烧烤，熏上炭火香。熏香味能勾起人的食欲，也能提高与葡萄酒的搭配度。选用肥肉较少、味道清淡的羊肉，搭配西红柿、青椒等夏季蔬菜，突出季节感。搭配的是美味易饮、口感轻盈的红葡萄酒，与羊肉相得益彰。

a

食材 / 2 份的量

小羊腿肉…约 200 克
盐、白胡椒、特级初榨橄榄油…各适量

● 青椒酱
* 青椒泥…适量
* 鸡、猪高汤…适量（P163）
盐、白胡椒…各适量
黄油…适量

● 孜然风味酱
* 鸡、猪高汤…适量
白葡萄酒醋…适量
孜然粒…适量
盐、白胡椒…各适量

土豆（切圆片）、西红柿（切圆片）…各 1 个
盐、白胡椒…各适量
绿橄榄粉…适量
腌泡红洋葱…适量

* 青椒泥
青椒切成适当大小，用黄油炒制。加水，放入搅拌机，打成泥状。

做法 ——

1. 烧烤整块小羊腿肉，图为400克。羊肉常温解冻，撒上盐和白胡椒，撒上特级初榨橄榄油。
2. 在比萨窑的炭火上设置烤架，将羊肉放在上面烤制。
3. 烤制 4 分钟后翻面，再烤 4 分钟，再翻面烤 3 分钟。确认中心温度后，用铝箔纸包好，放在温暖的地方，让余热进入食材中（图 a ～图 c）。
4. 烤肉期间制作两种酱料。青椒酱是将青椒泥、鸡猪高汤、黄油混合在一起，小火熬煮。再用盐、白胡椒调味即可（图 d）。
5. 制作孜然风味酱。将鸡、猪高汤放入锅中，开火加热。加入白葡萄酒醋、孜然粒熬煮。用盐、白胡椒调味即可（图 e）。
6. 平底锅中倒入橄榄油加热，放入西红柿和土豆，用油煎。
7. 把烤好的肉切成两半，撒上盐、白胡椒（图 f）。
8. 将青椒酱倒入盘中，放上煎好的土豆和西红柿，放上肉，淋上孜然风味酱。配上腌泡红洋葱，撒上绿橄榄粉即可（图 g）。

b

c

d

| 制作
要点 | ·抹上橄榄油再烤，防止羊肉表面变干。在比萨窑火种燃烧的状态下，将羊肉放在燃烧的木炭上烘烤。一边慢慢加热，一边熏上炭火的香味。
·使用与羊肉相配的孜然做酱汁。熬煮孜然粒，释放香味。 |

e

 主厨点评

搭配的是法国中部奥弗涅大区出产的加美葡萄酒。带有莓果、石榴的果味和梨子的鲜味，搭配羊肉很完美。

f

g

小羊古斯古斯

东京·池尻大桥 "wine bistro apti."

部位：羊肩、羊腿肉

说到法式小酒馆中最具代表性的羊肉料理，就不得不提古斯古斯面了。作为这道菜的基础，羊肉要经过 2 天的腌制，让香料香味渗透到肉中，将羊肉特有的味道变成鲜味，再慢慢炖煮。摩洛哥香肠（Merguez，羊羔肉辣肠）和烤羊腿肉一起使用，分量十足，让羊肉迷们欲罢不能。

食材 / 7~10 份的量

去骨小羊肩肉…1 包（1～1.5 千克）

● 腌料
孜然籽…2 克
白胡椒粉…2 克
公丁香…1 克
茴香…2 克
八角…1 克
香菜籽…1 克
百里香…1.5 克
豆蔻（如果有）…2 克
蒜…5 克
月桂叶…1 片
葵花籽油…50 克
油封油…1 匙
盐、黑胡椒…各适量

A │ 洋葱…1 个
  │ 胡萝卜…1/2 根
  │ 西芹…1 根
  │ 大蒜…4 瓣

色拉油…适量
可果美牌轻煎洋葱片…150 克
番茄膏…30 克
彩椒粉…8 克
法式白高汤…500 克
水…2 升
盐、低筋粉…各适量

烹饪用量

小羊古斯古斯面（突尼斯特色美食，炖好）…1 份
* 摩洛哥香肠（羊羔肉辣肠）…1 根（P125）
古斯古斯面（短意大利面）…50 克
盐、橄榄油…各适量
小羊腿肉（处理过的无骨羊腿）…200 克
盐、黑胡椒…各适量
色拉油…适量
蔬菜（玉米笋、秋葵、西葫芦、茄子、红 / 橙彩椒、洋葱）…适量
橄榄油、埃斯普莱特辣椒粉、胡萝卜叶…各适量

▼ 主厨点评

炖煮过的汤汁收汁，使之变浓，这样可以防止古斯古斯面吸入太多水分而变得味道寡淡。

准备

1. 混合腌料，放入搅拌器搅碎打匀。羊肩肉切成约150克大小的块，抹上腌料，放入冰箱腌制2天。
2. 将A放入食品处理机中，搅碎备用。
3. 将腌好的肉放在托盘上摊开，撒上盐，常温放置30分钟左右（图a）。
4. 在此期间，大锅中放入色拉油，将A爆干。
5. 在步骤4中加入可果美洋葱切片和番茄膏、彩椒粉，继续爆干，关火。
6. 平底锅里倒入足量色拉油，用小火至中火将步骤3中的肉煎炸上色。将托盘中剩下的腌料倒入步骤5的锅中（图b～图d）。
7. 肉全部煎至上色后，移入锅中。把平底锅里的油倒掉，倒水化开锅底的褐化物，一起倒入炖锅中（图e）。

制作要点
- 腌料中不加盐，是为了防止肉中的水分流出，带走鲜味。可以烹饪当天放盐，这样羊肉更加多汁。
- 煎锅里剩下的汁水也可以提升鲜味，所以一定要加进煮制汤底中。

8. 将肉摊在锅中，撒上低筋面粉（图f）。
9. 开火，用木勺搅拌，加热面粉。加入法式白高汤和水，烧开。撇去浮沫，转小火，盖上盖子炖煮（图g）。
10. 炖煮约2小时后，插入铁签来确认其柔软度。若插入铁扦略有滞涩感，即可将肉移至托盘中（图h）。
11. 撇去汤汁表面的油脂，备用。放入盐、黑胡椒调味。调好浓度后，全部倒入放肉的托盘中。汤汁上覆上保鲜膜保存（图i，图j）。
12. 放入冰箱中冷藏1天。切分，每份单独真空包装。可以冷冻保存。

制作要点
- 在汤汁中浸泡1天，肉会更加入味。
- 放入40克汤汁中的油脂和同比例的小麦面粉，来调节汤汁的浓度（图k，图l）。

完成烹饪

1. 将羊羔古斯古斯（煮过的）连着真空包装，放入热水中加热10分钟。将辣肠放入沸水中煮3分钟。古斯古斯（粗麦粉）上撒上盐和橄榄油，之后倒入70克热水，蒙上保鲜膜，放在温暖的地方加热10分钟（图m）。
2. 冷的平底锅里倒入色拉油，放上抹了盐和黑胡椒的小羊腿肉，小火加热。
3. 一边翻动羊肉一边加热表面。表面变热后，将其移至放有烤网的托盘上，放入185℃的烤箱中烤45秒。将肉从烤箱中取出，盖上锡纸，在暖和的地方静置5分钟。这一步骤重复2次（图n，图o）。
4. 将铁扦插入肉中确认中心温度，如果还没到达熟度，调整秒数重复步骤3。
5. 油煎蔬菜。
6. 把加热过的的古斯古斯（煮过的）和步骤5中的蔬菜放入锅中，淋上橄榄油烧开，放入185℃的烤箱中烤5分钟（图p，图q）。
7. 盛盘之前，把步骤4中肉的表面煎烤出烤痕（图r）。
8. 将步骤6、步骤7装盘，撒上橄榄油、埃斯普莱特辣椒粉，撒上切碎的胡萝卜叶。再另配上古斯古斯（粗麦粉）。

m

p

n

q

o

r

摩洛哥香肠（羊羔肉辣肠）

食材 / 约10份的量

*猪肉香肠肉馅…330克（P180）
小羊肩肉肉糜…500克

A |
卡宴辣椒粉…0.5克
黑胡椒粉…1克
彩椒粉…8克
香菜粉…1克
孜然粉…1克
豆蔻粉…1克
公丁香粉…0.5克
蒜油…1克
哈里萨辣酱…1克
橄榄油…2克
盐…6克

猪肠…适量

做法

1. 把羊肩肉肉糜和A混合，放在冰箱里腌1天。
2. 第2天，将猪肉香肠肉馅和腌好的羊肉糜拌匀搅打（图a，图b）。
3. 冰水泡发猪肠中，每根灌入约80克的肉馅（大约6根手指粗）。装好的香肠拧起来，用细绳一根一根地绑上（图c，图d）。
4. 在冷藏柜中干燥2～4天。将香肠一根一根切开，取下细绳，冷冻保存。

制作要点 摩洛哥香肠原本只使用羊肉制作，这里加入猪肉馅，更加多汁易食。

a

b

c

d

香炸羊肉配稻草风味贝夏梅尔调味酱

大阪·本町 "gastroteka bimendi"

部位：羊肩肉

乌黑的外表和熏烤香味让人印象深刻。烟熏味来自给炖羊肉调味的贝夏梅尔酱汁，同时酱汁也将食材统一成了一个整体。虽然外观和香味都非常有冲击力，但贝夏梅尔酱汁非常醇厚，所以整体味道很温和，完全感受不到羊肉的膻味，肉质也有嚼劲。黑色来自竹炭粉。

食材 / 1 份的量

羊肩肉…1.5 千克
洋葱…250 克
胡萝卜…100 克
西芹…100 克
蒜…15 克
牛奶…600 克
鸡高汤…500 克
面包糠…50 克

● 稻草风味贝夏梅尔调味酱
牛奶…450 克
稻草…50 克
低筋粉…25 克
黄油…40 克

烹饪用量

油炸肉丸…1 个 40 克
竹炭面糊

竹炭粉…2 克
低筋粉…75 克
生粉…26 克
泡打粉…4 克
盐…2 克
水…120 克
橄榄油…20 克
油炸用油…适量

准备

1. 将羊肩肉、洋葱、胡萝卜、芹菜切成大块，放入锅中。加入面包糠，倒入牛奶、鸡汤，没过食材。放入烤箱加热 1.5 小时左右。
2. 水分烤干、食材烤香后取出。刮下锅壁上的褐化物，混合进食材中。轻轻捣碎食材。冷却后放入保存容器中保存（图 a）。
3. 制作贝夏梅尔调味酱。将稻草放入锅中，点燃。当稻草全部燃烧时，加入牛奶，盖上盖子，煮 5～10 分钟。用厨房纸过滤（图 b～图 e）。
4. 将小麦粉和黄油放入锅中加热，使二者混合。倒入有稻草香的牛奶稀释，制成贝夏梅尔调味酱。
5. 将步骤 2 和贝夏梅尔调味酱混合，准备用于油炸。每个 40 克，揉成团冷藏备用。

制作要点 如果稻草的香味太浓，可以加牛奶来调整。

完成烹饪

1. 将竹炭面糊中的粉类过筛，加入盐、水、橄榄油，溶解混合。
2. 肉丸撒上薄薄的高筋粉，裹上步骤 1 中的面糊，放入油中，炸至酥脆。盛入铺着稻草的盘中（图 f，图 g）。

制作要点 竹炭没有什么风味，使用是为了让食材变黑。和白色的贝夏梅尔酱内馅形成对比，给餐桌带来乐趣。

▼主厨点评

这种制作方法是在西班牙一家专门做柴火料理的餐馆里遇到的。我想要将柴火的烟香味引入菜中，经过反复试验后，终于找到合适的方法。方法十分简单，只是在燃烧的稻草中倒入牛奶煮开，却能使烟熏的香味很好地附着在食材上。

小羊肉饺子

东京·三轩茶屋 "Bistro Rigole"

用辣味的"摩洛哥香肠"馅儿做成的饺子。全黑的饺子皮搭配特拉瓦尔酱汁，无论是外观还是味道，都让人惊叹，可以说重塑了人们对饺子的家常印象。新鲜葡萄制成的酸甜酱汁，与摩洛哥香肠中羊肉的香味和辣味很相配。饺子皮中的黑色来自于炭化的洋葱，保留了一丝洋葱的风味。

部位：羊肩肉

材料

准备

● 摩洛哥香肠

小羊肩肉肉糜…1 千克

盐…18 克

香料

　　彩椒粉…15 克

　　卡宴辣椒粉…2 克

　　黑胡椒…3 克

　　香菜…3 克

　　洋茴芹…3 克

　　牛至…3 克

　　孜然…3 克

　　茴香…3 克

　　＊油煎洋葱…400 克

　　＊盐腌茄子…100 克

　　蒜末…3 克

　　哈里萨辣酱…3 克

　　特级初榨橄榄油…6 克

● 饺子皮

＊炭化洋葱…3 克

高筋粉…100 克

低筋粉…100 克

盐…2 克

热水…100 克

● 特拉瓦尔酱

特拉瓦尔葡萄…100 克

自制梅干…2 粒

盐…适量

＊油煎洋葱

洋葱切片。一半油煎至变软，剩下的一半油煎到稍微保留口感的程度，混合。

＊盐腌茄子

茄子切成适当大小，加入食材重量 5%～6% 的盐和适量红紫苏。真空包装，常温放置 3 天，移入冰箱低温发酵 1 周。

＊炭化洋葱

洋葱剥散放在烤盘上，放入烤箱烤干，然后用研磨机磨碎。

准备

[摩洛哥香肠]

　　羊肩肉绞成肉糜，加入盐、香料和 A，用搅拌机搅拌上劲，放入冰箱冷藏 1 晚（图 a ～ 图 c）。

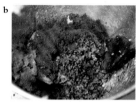

[饺子皮]

1. 将炭化洋葱和高筋粉、低筋粉、盐放入食品处理机中，搅拌均匀。

2. 往面粉中加入热水，搅拌 10 分钟左右，制成面团。

3. 取出面团，盖上保鲜膜，冷却至常温。

4. 撒上生粉，放入面条机中，压成 2 毫米厚的面皮。用直径 10 厘米的圆形模具压出饺子皮。

[饺子]

1. 将香肠馅放入裱花袋中，每张饺皮上挤 25 克（图 d，图 e）。

2. 皮的边缘抹上水，把褶皱凑到一起，包整齐（图 f）。

3. 摆放在保存容器中冷冻保存（图 g）。

[特拉瓦尔酱]

　　把去籽的梅干和葡萄放入搅拌机中搅拌。放盐调味。再次搅拌使酱汁变细腻（图 h）。

完成烹饪

1. 锅中倒入薄薄的油，放入饺子，煎上色。倒一些水，蒸烤 6 分钟左右。

2. 将饺子放在暖和的地方静置 6 分钟，用余热烤熟。最后加入橄榄油，使煎烤的一面更脆。

3. 盘中放入特拉瓦尔酱，盛上煎饺即可。

| 制作要点 | · 就像橙醋酱油常用来用来搭配饺子一样，这里我们用酸甜的葡萄制作调味汁。
· 每年都会腌制用来提味的梅干。 |

羊香水饺（羊肉香菜水饺）

东京·御徒町"羊香味坊"

部位：羊肩肉

羊肉香菜水饺是该店的招牌菜之一。一口大小的饺
子，由熟练的工作人员手工制作。咬开软糯的饺皮，羊
肉的肉汁和香菜的香味在嘴中扩散。很多顾客会点一杯
啤酒或酸鸡尾酒。为了让饺子空口吃也能好吃，馅料要
充分调味。可以根据自己的喜好蘸黑醋食用。

食材 / 1 份的量

● 饺子馅

小羊肩肉（块）⋯500 克
盐⋯5 克
香菜末⋯100 克
大葱末⋯1 根

A | 砂糖⋯5 克
芝麻油⋯50 克
酱油⋯20 克
鸡粉⋯5 克
胡椒⋯少许
花椒水⋯少许
鸡汤冻⋯少许
白绞油⋯50 克

● 饺子皮

低筋粉⋯500 克
高筋粉⋯500 克
热水⋯500 毫升

准备

[饺子馅]

1. 用菜刀把羊肩肉（块）剁成粗肉糜。
2. 将羊肉糜放入碗中，加盐轻轻搅拌，加入香菜、
   大葱拌匀。
3. 再加入 A 中的调料，用手搅打，将调料拌匀（图 a）。

[饺子皮]

1. 将高筋粉和低筋粉放入碗中，分次加入热水，使
   粉与水分混合。
2. 揉成一团后转移至操作台，揉至表面光滑。放入
   塑料袋中防止干燥，饧发半天左右。

完成烹饪

1. 将面团搓成棒状，切成 8 克一个的剂子，擀平。
   边拍面粉边用擀面杖擀成直径 6 厘米的圆形
   （图 b，图 c）。
2. 每张皮上放 9 克馅，包起来（图 d，图 e）。
3. 放入沸水中煮 5 分钟。沥干水分盛在盘子里。

主厨点评

和小笼包、煎饺一样，
也是很有人气的一道菜。汁
水十足的馅料加上香菜的香
味，吃起来很爽口。

a

b

c

d

e

烤羊背脊（炭火烤羊排）

东京・御徒町 "羊香味坊"

部位：羊肋排

羊排是最能展现羊肉的香和味的部位，让羊肉爱好者们欲罢不能。制作时用大量蔬菜制成腌制液浸泡，给羊肉增添蔬菜的美味。此外，店里还开发了用来搭配小羊肉的"小羊肉酱"。味道浓厚的酱料，让人忍不住抓着骨头大口吃肉，羊肉的美味也倍增。

食材 / 1 份的量

羊肋排（块）…5 千克

● 腌泡汁 3500 克
　　洋葱（切片）…400 克
　　香菜末…45 克
　　香茅末…50 克
　　姜末…35 克
　　胡萝卜末…75 克
　　青椒末…15 克
　　西红柿丁…165 克
　　鸡蛋…3 个
　　啤酒…350 毫升
　　盐…10 克

● 小羊肉酱
　　甜面酱…350 克
　　辣酱…500 克
　　香其酱…1500 克
　　葱末…60 克
　　姜蓉…50 克
　　蒜蓉…100 克

烹饪用量
腌过的羊肋排…150 克
盐…适量
* 混合香料…适量

* 香茅
香茅是禾本科植物，带有香甜味。这里也可以用西芹代替。

* 混合香料
将 5 克孜然粉、5 克孜然籽、5 克芝麻粉混合。

准备 ————————

1. 制作腌泡汁。将材料全部放入碗中拌匀。
2. 羊肋排放入腌泡汁中，腌制至少 10 小时至 2 天（图 a）。

完成烹饪 ————————

1. 取出腌好的肉，擦去水分。用炭火烤（图 b，图 c）。
2. 中途撒盐调味。涂上色拉油（配料表外），防止表面变干。一边翻动一边烤至焦黄（图 d，图 e）。
3. 烤好后将骨头一根根切开，放在盘子里。撒上少量盐，撒上足量的混合香料即可（图 f）。

制作要点 孜然粉和孜然粒搭配羊肉，既能增香，又能提升口感。

▼ **主厨点评**

排骨腌制时间越长越好吃。腌制液中加入啤酒可以使肉变嫩。这道菜也很适合红酒。

a

b

c

d

e

f

口水羊

东京·御徒町"羊香味坊"

将极受欢迎的口水鸡改为用羊肉制作。胶质丰富的羊展肉里放入香料,炖得香喷喷。整好形状后冷却,在自带的胶质的作用下,羊肉自然凝固。将羊肉切片,然后撒上大量的调味汁,调味汁是由各种香味蔬菜和香料混合而成的。酱料的味道绝妙,不仅是羊肉,连圆白菜也能变成美味佳肴。

部位:羊展肉

食材 /1 份的量

● 炖小羊肉

羊展肉⋯20 千克

酱汤（汤底）

> 酱油⋯500 克
> 绍兴酒⋯400 克
> 大葱末⋯1 根
> 姜末⋯80 克
> 八角⋯50 克
> 月桂叶⋯50 克
> 白芷⋯50 克
> 草果⋯50 克
> 小茴香⋯50 克
> 山椒⋯30 克
> 盐⋯100 克
> 水⋯4000 毫升

● 酱汁（易处理的量）

A
> 大葱⋯80 克
> 生姜⋯25 克
> 花椒⋯3 克
> 八角⋯3 克
> 月桂叶⋯1 克
> 鸡粉⋯20 克
> 盐⋯10 克
> 鸡汤⋯800 毫升

B
> 大葱末⋯150 克
> 姜末⋯50 克
> 蒜蓉⋯40 克
> 香菜末⋯10 克
> 黄瓜（切 3 厘米圆段）⋯1 根
> 芝麻油⋯125 克
> 辣椒油⋯100 克
> 菜籽油⋯50 克
> 香醋⋯375 克
> 砂糖⋯240 克
> 熟辣椒粉⋯50 克
> 花椒粉⋯30 克
> 鸡粉⋯50 克

烹饪用量

炖羊肉（切片）⋯8 片（约 80 克）

圆白菜（切丝）⋯适量

酱汁⋯适量

调味花生米、白芝麻、自制辣椒油、香菜⋯各适量

准备 ———

[炖羊肉]

1. 羊展肉沿着骨头入刀，取出骨头（图 a，图 b）。

2. 制作酱汤。将酱汤材料全部放入锅中加热，沸腾后小火加热 15 分钟即可。

3. 在酱汤中加入羊肉，开火，沸腾后转小火炖 6～7 小时。

4. 将羊肉从锅中取出，冷却至常温。冷却后取出肉，卷成棒状，用保鲜膜裹紧，放入冰箱冷藏凝固（图 c）。

[口水汁]

1. 将 A 中的材料全部放入锅中烧开，关火。

2. 将 B 中的材料全部加入步骤 1 的酱汁中，混合均匀后放入密闭容器中保存（图 d）。

完成烹饪 ———

1. 炖羊肉切成 3～4 毫米厚的片（图 e）。

2. 盘子里铺上圆白菜，放上羊肉片，倒上口水汁。撒上压碎了的调味花生米、白芝麻，淋上自制的辣油，放上香菜（图 f）。

**制作
要点** 在自制酱汁上撒上花生碎和辣油，增加口感和辣味。

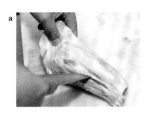

花椒羊肉

东京·御徒町 "羊香味坊"

部位: 羊肩肉

"炒羊肉"有花椒和孜然 2 种香料可供搭配选择。羊肉的老搭档孜然自不必说，花椒的麻辣爽快也很受欢迎。羊肉切块，更有肉感，经过腌制后会变得多汁，过一遍油后更容易成熟，这些都是操作的关键。最后加入洋葱，给口感增添变化。

食材 / 1 份量

小羊羊肩肉…160 克
腌泡汁
　洋葱末…10 克
　鸡蛋液…1 个
　盐…少许
生粉…适量

色拉油（油炸用）…适量
西芹…25 克
洋葱…30 克
A 盐…2 克
　鸡粉…3 克
　花椒粉…1 克
　熟辣椒粉…2 克

准备

1. 把羊肩肉切 2～3 厘米的块。芹菜和洋葱切滚刀块（图 a）。

2. 将腌泡汁的材料拌匀。放入羊肉，浸泡 30 分钟。

3. 取出泡好的羊肉，沥干水分，撒上薄薄的生粉，放入 180 ℃的油中炸 30 秒左右。捞出，沥油。芹菜也过一遍油（图 b，图 c）。

4. 将步骤 3 的食材放入烧热的油锅中，略加颠勺翻炒。加入洋葱翻炒。依次加入 A 中的调料，快速翻炒，装盘（图 d）。

制作要点
· 羊肉腌制时会吸收很多水分，成品更加鲜嫩多汁。
· 裹上生粉过油，锁住肉的美味。

葱爆羊肉

东京·御徒町 " 羊香味坊 "

一道简单的大葱炒羊肉。为了充分发挥羊里脊肉的香味，调味时不添加香料，而是以盐为基础进行调味。裹上一层面糊油炸，羊肉会变得蓬松柔软。这家店会购买整头羊，分别用在不同的菜品里。

食材 / 1 份量

羊里脊…200 克
底味
| 盐…少许
| 胡椒…少许
| 蛋清…1 个
| 生粉…1 小匙
大葱…10 厘米
生姜（切丝）…1/4 小块 ❶
色拉油…15 毫升
A | 盐…2 撮
| 胡椒…少许
| 绍兴酒…少许
| 鸡粉…少许
| 鸡汤…少许

做法

1. 把羊里脊切成稍厚的片。大葱切成 2 厘米宽的斜片，抓散备用（图 a）。
2. 将羊肉放入碗中，加入底味中的材料，抓揉拌匀。
3. 色拉油烧热，把羊肉放入锅中，用厨师勺铲开，均匀加热（图 b）。
4. 羊里脊肉基本上变白后盛出。放入大葱、生姜翻炒。把肉放回锅里，按顺序加入 A 中的调味料，快速翻炒，盛入盘中（图 c，图 d）。

制作要点 和过油的作用一样，肉差不多熟了之后就暂时盛出来，不再加热。蔬菜炒好之后再放肉同炒。这样肉和蔬菜都不会炒得过老，蔬菜还带有脆劲。

▼ **主厨点评**

羊里脊肉质柔软，不很油腻，口味在小羊肉中也算是上等。这道炒菜很简单，只需用盐调味。

部位：羊里脊

❶小块大约为大拇指第 1 关节大小。——译者注

羊肉串

东京·御徒町"羊香味坊"

烤羊肉串是我国新疆维吾尔地区的一道大众美食。腌肉除了为了调味，还可以去除羊肉的腥味，同时使肉变软嫩。烤好后只加上盐是不够的，要撒上孜然粒和辣椒，添加香辣口味。

部位：羊肩肉

食材 / 1 份的量

小羊肩肉…5 千克
腌泡汁
    洋葱（切片）…1 个（大）
    鸡蛋…3 个
    盐…少许

烹饪用量

腌好的羊肩肉…4 串（1 串 45 克）
盐…适量

● 香料
孜然粒…适量
辣椒粉…适量
白芝麻…适量
白苏子…适量

准备

1. 把所有的材料放入碗里混合，制作腌泡汁。
2. 羊肩肉切成 3 厘米左右的小块，放入腌泡汁中，腌制 12 小时（图 a）。
3. 将羊肉串好，每根 45 克。

完成烹饪

1. 接到订单后，把串好的肉放在炭火上，撒盐烧烤（图 b）。
2. 边翻边烤，防止烤焦。最后撒上香料，盛入盘中（图 c，图 d）。

手扒羊肉

东京 · 御徒町 "羊香味坊"

部位: 羊后腿

食材 / 1 份的量

羊后腿肉（带骨）…800 克
生姜…30 克
香菜…10 克
盐…少许

● 佐味酱
    芝麻酱（市售品）…15 克
    大蒜酱
    蒜蓉…3 瓣
    盐…少许
    芝麻粉…10 克
香菜…适量

做法

1. 大锅中放入小羊后腿肉（带骨肉块）、生姜、香菜、盐。倒入足量水浸没食材，加热（图 a）。
2. 水烧开后，转小火炖煮 40 分钟，期间保持不沸腾（图 b）。
3. 混合佐味酱的材料。
4. 取出做法 2 的食材，趁热盛入盘中，添上香菜，另配上芝麻酱、大蒜酱、芝麻粉。

制作要点 撕下刚煮好的羊肉，搭配喜欢的佐味酱食用（图 c，图 d）。

    炖羊后腿，手撕肉吃，是一道充满野性的料理。羊后腿的肌肉多脂肪少，炖煮软烂后羊肉摇摇欲坠，可以品尝到食材本身的美味。为了不让客人吃得厌烦，佐味酱有 3 种，可以根据喜好搭配着吃。

a

b

c

d

炖烤小羊腿

东京·茅场町 "L'ottocento"

　　"stufato"一词源于意大利语中的"炉子"(stufa)，是一种炖菜的名字。腌制好的肉不用加水，直接盖上盖子蒸制，除去肉中的水分，浓缩肉的美味。虽说是炖菜，但实际上更接近于烤制，伴有烧烤的香味。这道菜是店里的特色菜，一整只羊小腿分量很足，很受食客们的好评。

部位：羊小腿

食材 / 1 份的量

● 炖烤羊小腿
带骨羊小腿肉…1 根

● 腌料
盐…肉重量的 0.9%
* 大蒜迷迭香油…肉重量的 5%
洋葱…70 克
西芹…70 克
番茄（切丁）…1/2 个
白葡萄酒…50 毫升

[煮兵豆]
兵豆…100 克
丁香茶
　公丁香…15 克
　水…300 毫升
胡萝卜、洋葱、西芹的意式混炒蔬
菜…35 克
凤尾鱼酱…20 克
白葡萄酒…15 毫升

* 大蒜迷迭香油
将大蒜和迷迭香浸泡在橄榄油中制成。

准备 ————————————————

[炖烤小羊]

1. 给带骨的羊小腿肉撒上盐，放入冰箱静置 1 晚。
2. 给带骨羊小腿肉抹上大蒜迷迭香油，和洋葱、西芹一起真空包装，再静置 1 晚（图 a）。
3. 将腌好的小腿肉放入锅中，盖上盖子，放入 180℃的烤箱中，每隔 30 分钟翻一次面，烤 90 分钟（图 b～图 d）。
4. 90 分钟后，加入番茄，放入烤箱烤 30 分钟（图 e）。
5. 加入煮去酒精的白葡萄酒，放入烤箱烤 10 分钟（图 f）。
6. 取出羊肉。冷却后真空包装，冷藏保存。汤汁单独收汁，做成酱汁，保存备用（图 g，图 h）。

制作要点
· 羊肉用盐腌 1 晚，再用油和蔬菜腌制 1 晚，咸味和风味就能渗透到肉的内部。
· 白葡萄酒煮过再使用，去除酒精味。

▼ **主厨点评**
丁香茶煮兵豆可以去腥，搭配使用来缓和羊肉的膻味。

[煮兵豆]

1. 将丁香浸泡在水中，炖 3 小时，制成丁香茶（图 i）。

2. 煮制前，先将兵豆刚入清水中浸泡 30 分钟。

3. 锅中放入混炒蔬菜、凤尾鱼酱翻炒，加入兵豆炒匀。加入白葡萄酒，煮去酒精。倒入煮好的丁香茶，一起煮 20 ～ 30 分钟（图 j，图 k）。

4. 煮好后冷却，放入保存容器冷藏保存（图 l）。

完成烹饪

1. 将小腿肉从包装中取出，放在托盘上，盖上保鲜膜，放入 100 ℃的蒸汽烤箱中蒸 20 分钟。

2. 将酱汁放入锅中加热。放入热好的小腿肉，裹上酱汁（图 m）。

3. 兵豆单独放入锅中加热，撒上橄榄油（图 n）。

4. 盘中铺上兵豆，盛入小腿肉和酱汁。

制作要点 配上孜然、卡宴辣椒粉、橄榄油混合而成的香料，根据自己的口味搭配食用。

鸡肉

三濑炸鸡

东京・涩谷酒井商会

部位：鸡翅尖

这道油炸带骨翅尖是几乎所有顾客都会下单的小吃。炸鸡不过是居酒屋常见的一道菜，而这家店的炸鸡如此受欢迎，是因为菜品造型有趣，且腌制手法注重保留食材本味，再加上店家剔去了部分骨头，吃起来也非常方便。取下的骨头会被用来制作白高汤。

食材 / 1 份的量

三濑鸡鸡翅尖⋯约 2 千克（35 只）

● 底味
清酒⋯200 毫升
淡口酱油⋯180 毫升
姜蓉⋯20 克
生粉⋯适量
油炸用油⋯适量
自制柚子胡椒⋯适量

准备

1. 在三濑鸡鸡翅尖的关节部分切一刀，将鸡翅向外侧翻折，按住肉，褪出骨头。拔一根骨头，保留一根骨头（图 a ～图 c）。
2. 将去骨的鸡翅尖摆在托盘上，倒入酒、淡口酱油、姜蓉，腌制入味。盖上保鲜膜放置 10 分钟左右（图 d）。
3. 10 分钟后将腌料倒掉，鸡翅尖转移到保存容器中，防止鸡肉味道过浓（图 e）。

制作要点	冷冻从鸡翅中取出的骨头。基本冻硬后，加入青葱、生姜，炖煮鸡高汤。

烹饪

1. 接到订单后，用刷子给鸡翅刷上薄薄一层生粉，放入油锅油炸（图 f）。
2. 沥油后装盘，配上自制的柚子胡椒。

a

b

c

d

e

f

▼**主厨点评**

搭配油炸食品，就要选择果味扎实、酸味浓郁的白葡萄酒。如果想喝日本酒的话，我推荐比较有力量的生本造❶酒。

❶ 指不加入外来乳酸，只凭借酒窖中本来存在的乳酸杀灭杂菌，天然发酵的日本酒。——译者注

鸡肉南蛮

东京·神乐坂"十六公厘"

部位：鸡翅尖

一道丰盛的"鸡肉南蛮"，满满的鞑靼酱十分夺人眼球。鞑靼酱中加入的不是煮鸡蛋，而是炒鸡蛋，接到点单后可以迅速完成。鸡肉裹上面糊油炸，再淋上甜酱油和香辣调味料，到这一步就已经非常美味。最后加上自制的辣椒油，用辣味来提升风味。

食材 / 1 份的量

鸡腿肉…120 克
盐、胡椒…各适量
生粉…适量
面糊（按低筋粉 2，生粉 1，白玉粉（糯米粉）1 的比例混合，加水溶解）…适量
色拉油…适量
* 辣味调味料…适量
* 甜酱油…适量
* 自制辣椒油…适量
● 鞑靼酱
　　蛋黄酱…适量
　　洋葱末…适量
　　香菜…适量
　　鸡蛋…1 个
　　盐、酱油…各适量

甜酱油和辣味调味料

这两种复合调料是味道的基础。左侧是"甜酱油"，在酱油和砂糖中加入鹰爪辣椒、大蒜，熬煮至黏稠。味道咸甜。右边是辣味调料，将辣椒、大蒜、生姜、洋葱、干虾放入色拉油中熬煮而成。

* 自制辣椒油

将同比例的色拉和芝麻油混合，加入一味唐辛子、鹰爪辣椒、大蒜、洋葱、生姜、葱，一起熬煮。将熬出的热油浇在另外准备的一味唐辛子和鹰爪辣椒上，冷却后过滤。

做法

1. 鸡腿肉切开肉厚处。撒上盐、胡椒。薄薄撒上一层生粉，裹上面糊，放入 180 ℃的热油中，油炸至面糊酥脆，捞出滤油（图 a ～ 图 c）。
2. 制作鞑靼酱。把色拉油烧热，蛋液中加入盐和酱油，倒入锅中，做成炒鸡蛋。将切碎的洋葱与蛋黄酱混合，加入香菜、炒鸡蛋，拌匀（图 d，图 e）。
3. 将炸好的鸡肉切成易于食用的大小，盛入盘中。淋上辣味调味料、甜酱油，以及大量的鞑靼酱。撒上自制的辣椒油即可（图 f，图 g）。

制作要点　考虑到油炸后的轻盈度，面糊是用低筋粉、生粉和白玉粉（糯米粉）混合而成的。

莫尔诺炸鸡

大阪·本町 "gastroteka bimendi"

部位：鸡腿肉

"莫诺尔（Moruno）"在西班牙语中的意思是腌肉烤串。莫诺尔烤串极受欢迎，西班牙每一家酒吧中都能见到它的身影。香辣的烤串十分适合用来搭配葡萄酒和啤酒。用甜、辣两种辣椒粉，加上孜然粉、柠檬汁腌制鸡肉，味道酸辣爽口。再裹上面包糠，炸出脆脆的口感。酥脆的口感也让人能多喝两杯。

食材 / 1 份的量

鸡腿肉…1 千克

● 腌制液

　蒜…60 克
　柠檬汁…50 克
　甜味辣椒粉…20 克
　辣味辣椒粉…10 克
　孜然粉…10 克
　盐…32 克
　橄榄油…300 克
高筋粉…适量
油炸用油…适量
柠檬…适量

准备

1. 鸡腿肉切成 25 克左右的长条，这是一串的量。
2. 腌制液材料放入搅拌机打匀。
3. 将鸡肉与腌制液混合，真空包装，腌一晚备用（图 a）。

烹饪

1. 鸡肉腌好后擦去汁液，撒上薄薄的高筋粉，裹上蛋液，沾上面包糠，串在竹扦上（图 b ～图 d）。
2. 170 ～ 180 ℃油炸。油炸至面糊酥脆，捞出，沥油。拔掉竹扦盛在盘里，配上柠檬（图 e，图 f）。

制作要点 面包糠是用法棍做的。如果把外侧深色的部分也放进去，颜色会变难看，所以只使用中心部分。

▼ **主厨点评**

在巴斯克地区的圣塞巴斯蒂安，人们在吃莫诺尔时，通常搭配当地的微起泡葡萄酒"查克丽（Txakoli）"一起享用。从高处倒酒，泡沫和酸味结合，口感更为舒适。

a

b

c

d

e

f

辣子鸡

大阪 · 西天满 "Az/ 米粉东"

部位：鸡腿肉

四川传统名菜"辣子鸡"，制作时将鸡肉切成稍大的块，即使单纯作为炸鸡也很美味。为了使鸡肉更加多汁而不柴，就要在准备阶段让鸡肉充分吸收腌制液的汁水。此外，在面糊外再裹上一层调味料，可以防止鸡肉变硬，口感也会更好。

食材 / 1 份的量

鸡腿肉…250 克（1 枚）

● 底味

　　盐、酱油、酒、豆瓣酱…各适量
　　蒜末、姜末…各适量
　　鸡蛋、生粉…各适量

生粉…适量

色拉油…适量

朝天椒…适量

* 辣味调味料…适量

孜然…适量

老酒、盐、糖…各适量

蔬菜菜叶…适量

* 辣味调味料（比例）

蒜末…1

姜末…1

葱末…0.5

辣油…5

用辣油炒匀蒜、生姜、白葱。

准备

1. 鸡腿肉去软骨去筋膜，切成 6 块。
2. 放入保鲜袋中，加入底味调料和大蒜、生姜、鸡蛋、生粉。揉匀，冷藏保存。

完成烹饪

1. 给调过底味的鸡腿肉抹上生粉，握紧固定形状。放入 170 ～ 180 ℃的色拉油中油炸（图 a，图 b）。
2. 捞出鸡块。静置大约 3 分钟（图 c）。
3. 复炸。炸至面糊香酥（图 d）。
4. 锅中放入朝天椒、辣味调味料，翻炒。放入炸鸡块、孜然、老酒，颠勺翻炒。放入盐、糖，调味。装盘，配上蔬菜菜叶（图 e，图 f）。

制作要点

· 油炸之后将鸡块静置，静置时间与油炸时间同样长，这样使鸡肉完全成熟的同时，还可以保持鲜嫩多汁。
· 这里使用的辣味调味料是菜品中辣味的基础，可以用在各种各样的菜式中。

主厨点评

带着些许果甜味的德国雷司令与辛辣的干炸食品很配。雷司令也很适合有嚼劲的菜。

a

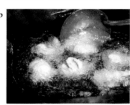

b

c

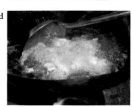

d

e

f

蒜香鸡肫

东京·神乐坂"十六公厘"

部位：鸡肫

油炸鸡肫和大蒜，韭菜和葱一起干炒，咔嚓咔嚓的脆爽口感非常新颖。为了保留脆嫩有嚼劲的口感，鸡肫不切小块，而是保留一定的大小油炸。这种情况下，要给鸡肫划上比较深的十字刀。大蒜也要切成厚片，更有存在感。

食材 / 1 份的量

鸡肫⋯100 克

● 鸡肫底味
   酱油、酒、胡椒、芝麻油⋯各适量
大蒜⋯4 瓣
韭菜（3~4 厘米的段）⋯适量
白葱末⋯适量
鹰爪辣椒（切圈）⋯适量
生粉⋯适量
* 薄面糊⋯适量
色拉油（油炸用）⋯适量
A   朝天椒⋯适量
    黑胡椒⋯适量
    白芝麻⋯适量
    山椒盐⋯适量

* 薄面糊
按小麦面粉 2，生粉 1，白玉粉（糯米粉）1 的比例混合，加水溶解。

做法

1. 鸡肫去除侧面的银色部分，剖十字花刀，用酱油、酒、胡椒、芝麻油调味（图 a）。
2. 大蒜切成厚片，用油慢慢炸，切油。
3. 做法 1 的鸡肫上撒上薄薄的生粉后，加入薄面糊，充分搅拌，用油炸。炸到酥脆和有香味，然后切油（图 b，图 c）。
4. 在锅里放入洋葱、切碎的白葱、韭菜炒匀，加入做法 2 的大蒜、做法 3 的鸡肫同炒。按顺序加入 A 调味，整体翻炒后盛在容器里（图 d）。

主厨点评

    把鸡肫一个一个夹进嘴里，平添了几分乐趣。成品不带什么水分，更能衬托鸡肫的爽脆感。

湘南牛蒡烤鸡颈肉烩饭配甘夏酱

东京·西小山 "fujimi do 243"

部位：鸡颈肉

这道烩饭是一道热前菜。鸡颈肉弹性十足，将其油煎后放在香味浓郁的湘南牛蒡烩饭上，搭配上清爽的甘夏酱汁。将牛蒡翻炒到位，浓缩味道和鲜味，制成"牛蒡酱"，再放入鲜奶油稀释。泥土香和柑橘香的搭配简直绝妙。

a

材料

● 腌鸡颈肉

鸡颈肉…250 克

● 腌制液

　调和油…100 克

　百里香、迷迭香…共 2 克

　蒜（切片）…5 克

● 牛蒡酱

湘南牛蒡…250 克

洋葱…100 克

百里香…2 克

调和油…400 克

烹饪用量

鸡颈肉（腌过）…45 克

牛蒡酱…45 克

鲜奶油…4 克

米饭…40 克

* 甘夏酱汁…适量

* 甘夏果皮干…适量

调和油、盐、黑胡椒…各适量

*甘夏酱汁、甘
夏果皮干

酱汁是将甘夏
橙榨出果汁后
熬煮，加入橄
榄油、蜂蜜混合而成。果皮干则是将
甘夏皮切碎，加入糖水熬制。捞出擦
干后撒上细砂糖，放在烤纸上，干燥
2 ～ 3 天。

准备

[腌鸡颈肉]

腌制的量控制能在 3 天左右用完。

倒入调和油，加入百里香、迷迭香、大蒜，油浸鸡颈肉
即可（图 a）。

[牛蒡酱]

1. 牛蒡斜切成薄片，用水浸泡去除涩味。洋葱切薄片。

2. 锅里放入调和油烧热，放入洋葱翻炒。炒软后加入
   百里香、牛蒡一起炒匀。加盐炒匀。盖上盖子小火
   蒸烤。

3. 牛蒡烤干后冷却，放入食品处理器中打细。放入保
   存容器中保存（图 b ～ 图 d）。

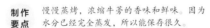

制作 要点	慢慢蒸烤，浓缩牛蒡的香味和鲜味。因为 水分已经全蒸发，所以能保存很久。

烹饪

1. 将牛蒡酱倒入锅中加热，加水稀释。化开后加入鲜
   奶油拌匀，加入米饭。搅拌让米饭吸收水分，做成
   烩饭（图 e）。

2. 将鸡颈肉从油中取出，多撒一些盐，放入平底锅中
   油煎。一起腌制的香草也加热一下（图 f）。

3. 烩饭装盘，放上煎好的鸡颈肉，撒上甘夏果皮，装
   饰上香草。淋上甘夏酱汁，撒上现磨黑胡椒即可
   （图 g）。

b

c

d

e

f

g

▼ 主厨点评

　　想要在土香味很浓的酱
汁里添加一些柑橘香，就使
用了时令的甘夏橙。橙皮也
剩下来干燥使用，微微的苦
味可以成为味道的点缀。

柚子盐烤大山鸡

东京·六本木"温酒 佐藤"

大山鸡味道鲜美，口感适中。为了让客人充分品尝这份美味，我们选择用盐来调味，炭火烤制。烤制途中洒上酒，去除鸡肉腥味，使料理味道更加清爽。搭配盐和柚子胡椒食用。

部位：鸡腿肉

食材 / 1 份的量

大山鸡腿肉…1 个
酒、盐…各适量
绿叶沙拉（生菜、蔬菜嫩叶、日本芫菁）…适量
圣女果…1 个
萝卜泥酱油沙拉酱…适量
柚子胡椒…适量
盐之花…适量
柚子皮…适量

做法

1. 鸡腿肉从带皮一侧插入铁扦，穿过鸡肉后再从带皮的一侧穿出来（图 a）。
2. 鸡肉撒上酒、盐。
3. 鸡肉一侧朝下用炭火烤。烤至鸡肉鼓起、鸡肉颜色焦黄时，翻面烤鸡皮（图 b，图 c）。
4. 拔出铁扦。将鸡肉切斜片。
5. 盘里放上蔬菜沙拉、对半切开的圣女果和鸡肉。蔬菜沙拉淋上萝卜泥酱油沙拉酱。鸡肉上撒上磨碎的柚子皮，配上柚子胡椒和盐之花。

▼ 主厨点评

"宗玄"酒米香馥郁，配合鸡肉的鲜味和温度将其加热。加热后还会散发出花香。

制作要点
· 撒酒是为了去腥，同时可以烤出光泽。
· 从皮开始烤的话鸡肉不会鼓起来，缺少分量感，所以要从肉的一面开始烤。

青葱大山鸡天妇罗

东京·六本木"温酒 佐藤"

天妇罗和橙醋酱油的搭配出人意料，但十分受欢迎，是这家店里常挂在菜单上的鸡肉料理。足量的萝卜泥，配上青葱，吃起来很是清爽。鸡腿肉在裹上面糊前先用酱油浸洗，可以去除腥味。

部位：鸡腿肉

食材 / 1 份的量

大山鸡腿肉…1 个
酱油…适量
低筋粉、天妇罗面糊…各适量
色拉油…适量
萝卜泥、橙醋酱油、青葱圈…各适量

做法

1. 去掉鸡腿肉上多余的油脂和筋膜，修饰形状（图 a）。

2. 将鸡腿肉用酱油浸洗。擦去汁水，薄薄地撒上一层低筋粉，裹上天妇罗面糊。

3. 放入 170 ~ 175 ℃的色拉油中，炸至面糊酥脆。捞出，沥油。切成易于食用的大小（图 b，图 c）。

4. 盛入盘中，配上萝卜泥，淋上橙醋酱油，撒上青葱。另外单配橙醋酱油供蘸食。

主厨点评

酥脆的口感非常下酒。用酱油浸洗鸡肉，可以去除腥味。

酱烤海苔鸡肉丸

东京・六本木 "温酒 佐藤"

部位：鸡肉糜

这是一种全新感觉的鸡肉丸，蓬松的口感让人惊讶。直接烧烤会破坏丸子的形状，所以一定要先将鸡肉丸用海苔卷起来油炸，之后刷上浓厚的酱料烤一烤，可以一边蘸蛋黄一边吃。鸡肉丸子本身很软嫩，更能突出洋葱的脆爽，口感丰富有变化。

食材 / 6 份的量

● 鸡肉丸子馅

大山鸡肉糜…500 克

A | 浓口酱油…30 毫升
　| 酒…20 毫升
　| 姜蓉…15 克
　| 砂糖…15 克
　| 鸡蛋…2 个
　| 山药（泥）…50 克
　| 漂水洋葱末…100 克
　| 生粉…适量

● 丸子酱汁

浓口酱油…540 毫升
味醂…900 毫升
粗砂糖…100 克
将浓口酱油、味醂和粗砂糖混合。加热，煮至原量的 40%~50%。冷藏保存。

烹饪用量

鸡肉馅…100 克
色拉油…适量
丸子酱汁…适量
烤海苔…1/2 片
炒白芝麻…适量
青葱圈…适量
蛋黄…1 个

准备

1. 把 A 中的材料混合拌匀，备用。

2. 在鸡肉糜中加入 A，充分搅打。加入山药泥，搅拌均匀（图 a，图 b）。

3. 将洋葱末浸泡在水中。捞出，沥干水分，撒上生粉，放入步骤 2 中拌匀（图 c）。

制作要点 在洋葱上撒生粉是为了阻止洋葱中的水分流出。

烹饪

1. 接到订单后，将烤海苔背面朝上，摊开。平铺上鸡肉馅，将海苔卷起来（图 d）。

2. 将海苔鸡肉卷放入 170 ～ 175 ℃的色拉油中，动作要仔细一些，防止鸡肉卷变形。油炸使之凝固（图 e）。

3. 炸熟后放在烤网上，用炭火烤表面。烧烤过程中刷2 次酱汁（图 f）。

4. 鸡肉卷切成方便食用的大小，装盘。配上青葱和蛋黄。鸡肉丸上淋上酱汁，撒上炒好的白芝麻。

制作要点
· 制作好的鸡肉丸馅料非常柔软，所以先清炸一遍，使其表面凝固。
· 炭火烧烤可以烤出油来，还能增加酱汁的香味。

a

b

c

d

e

f

土鸡墨鱼紫苏烧卖

东京·三轩茶屋"komaru"

部位：鸡肉糜

在冬天这道菜可以用来替代关东煮。坐在吧台座位上的客人可以看到完整的蒸制工序，烧卖上桌也是热气腾腾。鸡肉糜打底的馅料和黑猪肉糜打底的馅料各有2种，共4种口味。鸡肉烧卖中还加入了笋和香菇，口感更丰富，香味更浓郁。在墨鱼紫苏烧卖里，还加入了墨鱼足和紫苏，味道独特。

食材/1份的量

● 烧卖馅
鸡肉糜…2千克
洋葱…1.5个
大葱…1根
竹笋（煮）…300克
鲜香菇…8个

A	鸡骨高汤粉…15克
	酱油…10克
	盐…5克
	芝麻油…8克
	姜蓉…30克

墨鱼足（剁碎）…400克
绿紫苏叶（切丝）…20片
半平鱼肉饼…1块

烧卖皮…适量

烹饪用量
芝麻油…适量
*烧卖调味汁…适量
杨花萝卜、山葵泥…各适量
红紫苏嫩芽、青葱（切圈）…各适量
*烧卖调味汁
将洋葱蓉、清酒、味醂、酱油、橙醋
酱油、醋、柚子胡椒混合即可。

准备

1. 制作烧卖馅。将洋葱、大葱、笋、鲜香菇切成末。
2. 鸡肉糜中加入步骤1的食材和A混合，搅打均匀，这是"土鸡香菇烧卖"的馅（图a，图b）。
3. 做"土鸡墨鱼紫苏烧卖"馅。在步骤2中加入切碎的墨鱼足、绿紫苏，搅拌均匀。再加入撕碎的鱼肉饼，搅拌均匀即可（图c，图d）。
4. 取50克步骤2中或步骤3中的肉馅，包进烧卖皮中（图e，图f）。

制作要点 使用的是可生食的墨鱼足。在肉馅中加入鱼肉饼，增强黏性，使肉馅和墨鱼足能更好地融为一体。

烹饪

1. 接到订单后，在盘子上抹上芝麻油，摆上烧卖，放入上汽的蒸笼蒸7～8分钟。
2. 蒸熟后取出，淋上调味汁。在"土鸡香菇烧卖"上面放上紫苏芽和青葱，"土鸡墨鱼紫苏烧卖"上面放上杨花萝卜片和山葵泥。

▼**主厨点评**

将烧卖放在盘子里一起蒸以保留肉汁。酱料中加入洋葱蓉，配合肉汁更加美味。

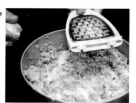

鸡腿香菇沙丁鱼馅饼

埼玉·富士野"Pizzeria 26"

部位：鸡腿肉

　　鸡肉搭配沙丁鱼，似乎有些不协调的组合，中间夹上和二者都很相配的香菇，就诞生了一个整体感十足的馅饼。原本是用秋刀鱼来做的，但是沙丁鱼的味道更重，存在感也更加明显。味道浓厚的米莫雷特奶酪酱、略带酸味的苦艾酒酱，二者结合产生新的味道，带来新的乐趣。

食材

● 内馅 3 份的量

A | 鸡腿肉（肉糜）…200 克
　 | 蛋清…30 克
　 | 鲜奶油…40 克
　 | 盐…2 克
　 | 白胡椒…适量

香菇…1 个
高汤、黄油…各适量
沙丁鱼…（片成 3 份之后的）1/2 片
* 酥皮（feuilletage rapid）…适量

● 米莫雷特奶酪酱
* 鸡、猪高汤…适量
米莫雷特奶酪…适量
鲜奶油…适量

● 苦艾酒酱
* 鸡、猪高汤…适量
苦艾酒…适量
白葡萄酒醋…适量
刺山柑花蕾…适量
莳萝…适量
盐…适量

米莫雷特奶酪…适量
莳萝…适量

* 鸡、猪高汤
水…10 升
鸡骨…4 千克
猪蹄…1.5 千克
昆布…1/2 根
蔬菜边角料…适量

①将全部食材放入锅中炖煮 8 小时。
②过滤 1 次，取出第 1 道高汤。在剩下的鸡骨中加入 1～1.5 升的水，煮 20 分钟左右，取第 2 道高汤。
③ 1 道高汤和 2 道高汤合在一起作为高汤使用。
* 煮过高汤后，可以捞出猪蹄肉，用于其他料理。

* 酥皮
（准备用量：成品 1200 克）

A | 低筋粉…250 克
　 | 高筋粉…250 克
　 | 盐…10 克

冷水…250 克
无盐黄油（5 毫米的小块）…450 克

①所有材料冷却备用。
②将 A 中的材料混合拌匀，倒入水，用刮刀搅拌，使粉液充分接触混合。
③搅拌均匀后加入黄油，用刮刀切开压入面中。
④面成团后拍上面粉，用擀面杖擀成方形，对折 3 次。用保鲜膜包好，放入冰箱冷藏 1 小时。
⑤用擀面杖将步骤 4 擀开，对折 4 次，再次放入冰箱冷藏 1 小时。
⑥用擀面杖将⑤擀开，对折 3 次，重复 2～3 次。

▼ **主厨点评**

　　搭配的是产自法国勃艮第的霞多丽 La Vigne Du Clou。葡萄柚、柠檬和橄榄的菠萝果味，加上矿物质带来的美味，很适合用来搭配酥皮和香草类酱汁。

土鸡香菇烧卖

东京·三轩茶屋 "komaru"

材料见 p160

准备

1. 制作馅料。把A中的材料全部混合，搅打均匀。
2. 香菇切去柄，放入高汤和黄油煮 20 分钟。
3. 沙丁鱼片成 3 片，去骨。
4. 将面团擀薄，每 1 个馅饼需要大小两个圆饼皮。
5. 将小面皮放在烤纸上，中心铺上步骤 1 中的馅料，按顺序放上香菇、馅料、沙丁鱼（图 a，图 b）。
6. 馅饼皮的周围沾上水，用大面皮盖住。将上面的面皮抻开，包上馅饼，紧紧压住馅饼的边缘。用模具压去多余的面皮，表面压上花纹。（图 c ～ 图 e）。

制作要点 馅饼可以冷冻保存。

烹饪

1. 在馅饼表面涂上蛋液，放入 220 ℃的烤箱中烤 20 分钟左右。取出，静置 5 分钟，用余温加热（图 f，图 g）。
2. 制作米莫雷特奶酪酱汁。鸡、猪高汤加热，加入一点点鲜奶油，放入奶酪融化（图 h）。
3. 制作苦艾酒酱汁。将苦艾酒倒入锅中，煮开去酒精。依次加入白葡萄酒醋、刺山柑花蕾，略加收汁，加入鸡、猪高汤。最后放入莳萝，熬煮收汁，放盐调味（图 i，图 j）。
4. 在碗里铺上米莫雷特奶酪酱，把烤好的馅饼对半切开装入盘中，配上苦艾酒酱，撒上米莫雷特奶酪碎，放上莳萝作装饰。

制作要点 冷冻保存的馅饼取出后，要在常温下解冻 15 分钟再烤。

这是这家店的招牌烤串，主角是新鲜的鸡肝。老卤酱汁的味道自然是没话说，再搭配上韭菜，是一道很受欢迎的下酒菜。将加热至半熟的韭菜当做调料，赋予烤串更多风味。

鸡肝韭菜烤串

东京·三轩茶屋"komaru"

食材 / 1 份的量

鸡肝…1 串 85 克
牛奶…适量
盐…适量

* 烧烤调味汁…适量
山椒粒…适量
● 酱油韭菜（准备用量）
韭菜…适量
清酒…100 克
味醂…100 克
酱油…100 克
粗砂糖和白糖…共 50 克
生姜（切片）…2 片

* 烧烤调味汁
在清酒、味醂和酱油中加入肉高汤（猪肉、鸡肉等）、香菇高汤、生姜和山椒，炖煮收汁，再倒入水淀粉勾芡。不断续用，做成老卤酱汁。

部位: 鸡肝

▼ 主厨点评

这家店的招牌烤串主角是新鲜的鸡肝。老卤酱汁的味道自然是没话说，再搭配上韭菜，是一道很受欢迎的下酒菜。将加热至半熟的韭菜当作调料，赋予烤串更多风味。

做法

1. 将鸡肝和鸡心分开，去掉多余的油脂和筋膜，牛奶浸泡 2 小时左右（图 a）。
2. 在竹扦上依次串上 3 块鸡肝、1 块鸡心（图 b）。
3. 制作酱油韭菜。韭菜切成 4～5 厘米长，摆放在托盘上。
4. 将酒和味醂混合，煮去酒精。之后加入酱油、砂糖，烧开。
5. 浇在做法 3 的托盘上，盖上盖子蒸（图 b）。

制作要点　鸡心最后串在扦子上，是因为心比肝肉质更结实。鸡心留在末端起固定作用，防止烤的时候掉下来。这样客人也更容易理解鸡心和鸡肝的区别。

烹饪

1. 鸡肝串好后撒盐，用炭火将表面炙烤一下，烤制过程中刷 2～3 次烧烤调味汁，完成烧烤（图 d）。
2. 装盘，撒上现磨山椒，放上酱油韭菜即可。

a

b

c

d

鸡肝慕斯

东京·池尻大桥 "wine bistro apti."

部位：鸡肝

口感顺滑的鸡肝慕斯可以当作红酒的下酒菜，在该店很受欢迎。将鸡肝油煎至表面变脆。使用大量的黄油，是鸡肝没有异味以及口感顺滑的关键。油煎鸡肝可以增加香气，减少异味。加入黄油使味道更加浓郁，加入红宝石波特酒和干邑则是为了改善风味。

食材 / 长 19.5 厘米 × 宽 9 厘米 × 高 6 厘米的模具所需用量

鸡白肝（清理干净）…325 克
无盐黄油…200 克
牛奶…60 克
色拉油…适量
鸡蛋…1 个
A | 硝石…2 克
  | 白胡椒粉…1.5 克
  | 肉豆蔻碎…0.3 克
  | 盐…7 克
B | 红宝石波特酒…60 克
  | 干邑…10 克

烹饪用量

鸡肝慕斯…1 厘米厚 ×2 片
白胡椒、核桃油…各适量
可可粉…适量
梅尔巴吐司…适量

准备

1. 将无盐黄油和牛奶放入碗中，隔水融化黄油。为了避免温度过高，在不开火的状态下进行隔水加热。
2. 平底锅加热，倒入色拉油，用大火将鸡肝表面煎脆。
3. 将鸡肝翻面，加入一半的 B，关火（图 a）。
4. 将鸡肝放入搅拌机中。平底锅中加入剩余的 B，化开锅底残留的褐化物，一起倒入搅拌机中。将 A、鸡蛋和融化的黄油放入搅拌机中，打 2 分钟，使酱汁细腻光滑（图 b，图 c）。
5. 放入过滤漏勺过滤（图 d）。
6. 模具里放上烤纸，倒入慕斯，轻轻震出空气（图 e）。
7. 蒸汽对流烤箱用组合模式（100 ℃蒸汽 50%）加热 30 分钟。食材变得像布丁一样后，常温静置 10 分钟。
8. 浸入冰水快速冷却，取下模具冷藏保存（图 f）。

制作要点

· 加入硝石后，肝脏的颜色不会变暗，成品非常漂亮。
· 步骤 5 的过滤工序是必须的。可以过滤掉没有溶化的盐，胡椒和肝脏上残留的血管。提前 1 天准备好，第 2 天就可以开始使用。冷藏可以保存 10 天左右，也可冷冻后真空包装。

烹饪

鸡肝慕斯用热刀切成 1 厘米厚的片，盛入盘中。淋上核桃油，撒上可可粉，配上梅尔巴吐司。

a

b

c

d

e

f

肥肝三明治

东京·三轩茶屋 "Bistro Rigole"

部位：鸡肝

香甜顺滑的鸡肝慕斯和新鲜的水果，组合成开放式三明治。以自家做的藜麦面包打底，在慕斯和水果上撒上大量的可可粉，再加上可可风味的面包糠来点缀口感。很适合与香槟酒等起泡酒搭配。制作时可以使用当季水果，比如无花果。

食材 / 1 份的量

鸡白肝（脱水）…220 克
鸡蛋…1 个
波特酒…25 毫升
白兰地…10 毫升
葡萄干…30 克
鲜奶油…100 克
盐…4 克
白胡椒…1 克

烹饪用量

鸡肝慕斯…适量
自制藜麦面包…1 块
草莓…2 个
可可粉…适量
蔬菜芽叶…适量
* 可可面包糠…适量

* 可可面包糠
将面包糠铺在烤盘上，撒上橄榄油，再撒上可可粉，放入 150 ℃的蒸汽对流烤箱中一边排出蒸汽一边低温烤15 分钟。

准备

[鸡肝慕斯]

1. 鸡肝放在牛奶中浸泡 1 小时，拔出鸡血。捞出放在厨房纸上，脱水。
2. 将鸡肝放入搅拌机中搅打。加入鸡蛋、波特酒、白兰地，打匀。用笊篱过滤，去除筋膜和血管（图 a，图 b）。
3. 用搅拌机将葡萄干粉碎。
4. 在鸡肝中加入葡萄干粉，拌匀。加入盐、白胡椒、鲜奶油，拌匀（图 c）。
5. 将步骤 4 的食材放入小铁锅中，稍稍放气，盖上盖子，浸泡在开水中放入 90 ℃的烤箱，加热 25 分钟。取出时应当略有凝固。静置 10 分钟，用余温加热（图 d ～ 图 f）。
6. 转移到保存容器中，冷藏 1 晚。

制作要点
· 为了使鸡肝的味道更加鲜明突出，一定要脱水到位。
· 葡萄干的甜味是味道的重点，可以中和肝腥味，营造出醇厚的口感。

烹饪

将鸡肝慕斯放入裱花袋中，挤在藜麦面包上。放上切成两半的草莓，撒上可可粉，点缀上蔬菜嫩叶，撒上可可面包糠即可（图 g）。

大人的鸡肝肉派

东京・茅场町 "L'ottocento"

部位：鸡肝

正如菜名中“大人的”3个字所述，这道菜浓缩了鸡肝的风味。黏稠浓郁的口感，少量也能让人很满足。不仅适合搭配葡萄酒，也很适合与高度酒一起品尝。配上马萨拉酒做成的果冻，把原本用来给鸡肝调味的酒放在外部，让食客享受鸡肝和果冻的融化在唇齿间的愉快。

食材 /50 份的量

● 鸡肝肉派
鸡肝…200 克
蒜末…10 克
生火腿肉碎…100 克
凤尾鱼酱…10 克
意式炒洋葱…50 克
柠檬汁…15 毫升
红葡萄酒醋…15 毫升
橄榄油…总量的 10%

● 玛萨拉果冻
玛萨拉甜葡萄酒…适量
吉利丁…4%

烹饪用量
鸡肝肉派…55 克
黑胡椒碎…适量
玛萨拉果冻…15 克
桑佩里葡萄酒（vecchio samperi）…1 毫升
自制芝麻法棍梅尔巴吐司…适量

主厨点评

鸡肝烤香，搭配味道浓厚的生火腿，最后加上柠檬汁和酒醋增添个性。

准备

［鸡肝肉派］
1. 鸡肝去掉血管和筋膜，用流水清洗，擦去水分（图 a）。
2. 锅中放入蒜末，开火加热，炒出香味后加入生火腿肉末翻炒。炒至干燥后盛出（图 b）。
3. 将鸡肝放入锅里，煎至上色（图 c）。
4. 将生火腿放回锅中翻炒，加入凤尾鱼酱、意式炒洋葱，炒匀（图 d）。
5. 冷却后放入搅拌机中，加入柠檬汁和红葡萄酒醋，打成糊状。通常需要制作 2 千克（40 ～ 50 份）的鸡肝，并在这一步的状态下保存（图 e）。
6. 将当天使用的分量和橄榄油放入搅拌机搅拌，使之细腻顺滑。

制作要点 通过煎烤，可以除去鸡肝的水分，使味道更浓缩。

［玛萨拉果冻］
将玛萨拉酒烧开，加入泡发好的 4% 的吉利丁溶液溶解，移入容器中，冷却凝固成果冻。

烹饪

碗中放入鸡肝肉派，放上压碎了的玛萨拉果冻，撒上黑胡椒碎，再洒上一点点桑佩里酒，增添风味。配上自制的芝麻法棍梅尔巴吐司（图 f）。

制作要点 桑佩里酒是产自西西里的葡萄酒，味道十分鲜美。其酿造方法被认为是玛莎拉酒酿造方法的原型。

a

b

c

d

e

f

什锦茶碗蒸

东京·涩谷"酒井商会"

这道菜中的主角——鸡骨高汤，来自该店制作炸鸡时剔出来的骨头。等骨头攒到一定数量时熬煮，得到高汤。淋上芡汁，原本就嫩滑无比的蒸蛋更加细滑。同时给清淡的味道添加了一份恰到好处的醇厚。这种不过分浓烈的低调也是酒井商会的魅力所在，是留住客人的原因之一。

部位: 鸡骨

食材 / 1 份的量

鸡蛋…1 个
鲣鱼高汤…150 克
淡口酱油、盐…各适量

● 茶碗蒸配料（1 份）
鸡肉…10 克
斑节对虾（去壳、去虾线）…1 尾
生香菇（切片）…1/4 个
碓井豌豆…2 个

芡汁

鸡高汤…适量
萝卜泥，芜菁泥…各适量
淡口酱油、盐…各适量

山葵泥…适量

▼主厨点评

在蛋液中也加入鸡高汤的话，会显得太腻。所以鸡高汤只放在芡汁中，保持味道的平衡。

准备

1. 煮鸡高汤。使用 P144 中的"三濑炸鸡"中处理出来的鸡骨头，放入冷水，加入青葱和生姜，煮 3 小时左右。收汁后用笊篱过滤（图 a，图 b）。
2. 冷却后放入保鲜袋中，冷冻备用。

烹饪

1. 准备好蒸鸡蛋羹的配料，放入碗中。将过滤好的蛋液倒入碗中，放入蒸笼蒸 10 分钟。
2. 开火加热鸡高汤，加入萝卜泥、芜菁泥增加浓稠度。放入少许淡口酱油、盐调味。倒在鸡蛋羹上，放上山葵泥即可（图 c，图 d）。

鸭·鹿·猪·加工肉

奶油鸭肝和法式猪肉熟肉酱

大阪·本町 "gastroteka bimendi"

部位：鸭肥肝

这道小食看起来非常精致可爱，甚至会被误认为甜点。味道也是，熟肉酱的甜味，鸭肝的甜味，华夫饼的甜味，重重叠叠的甜味，最后用芒果清新的酸味来收尾，非常适合清爽的起泡酒和辣味的西打酒。奶油鸭肝看起来就像奶油一样，和芒果的搭配也是妙极。

食材 / 1 份的量

● 熟肉酱
猪梅花肉（切丁）…适量
猪油（切丁）…肉重量的 30%
黑胡椒（粗磨）…适量
杜松子（切碎）…适量
月桂叶…适量
水…适量

● 奶油鸭肝
鸭肝…300 克
盐 适量
鲜奶油…200 克
鸡高汤…300 克

● 华夫饼
蛋清…45 克
细砂糖…30 克
融化的黄油…30 克
高筋粉…25 克
低筋粉…25 克

烹饪用量

华夫饼…1 个
熟肉酱…适量
奶油鸭肝…适量
芒果（切丁）…适量
橄榄油、盐…各适量
*红葡萄酒醋酱…各适量
杏仁片（烤）…适量

*红葡萄酒醋酱
红葡萄酒醋中加入砂糖，加热，煮至浓稠。

准备

[熟肉酱]
1. 锅中放入猪梅花肉和猪油、黑胡椒、杜松子、月桂叶。放水没过食材，煮 2 小时左右。
2. 将步骤 1 的食材放入食品加工器中，打成粗肉糜，放入碗中。将碗浸在冰水中冷却（图 a）。

[奶油鸭肝]
1. 鸭肝切片，撒上盐，放在铁板上两面油煎。煎出来的油脂倒掉不用。鸭肝放入食品加工器中，加入鲜奶油、鸡肉汤，搅拌。
2. 倒入虹吸瓶中。

[华夫饼]
1. 将白砂糖放入蛋清中混合，加入溶化的黄油，搅拌均匀，再加入面粉拌匀。
2. 用勺子在油布（烤箱用）上将面糊摊成圆形。再盖上一层油布，夹住面糊。放入 180 ℃的烤箱烤 3 分钟。
3. 烤好后将华夫饼放入杯状的模型中，再压上另一个杯子模型塑形。放入 180 ℃的烤箱烤 6 分钟。

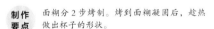

制作要点 面糊分 2 步烤制。烤到面糊凝固后，趁热做出杯子的形状。

完成烹饪

1. 芒果切成丁，用橄榄油和盐调味（图 b）。
2. 华夫饼里放上 1 勺熟肉酱，挤上奶油鸭肝，把芒果放在上面。撒上红葡萄酒醋酱，放上杏仁片装饰（图 c，图 d）。

制作要点 芒果的成熟程度也会影响成品的味道。不加糖，只需少加一些盐，就能引出芒果的甜和酸。

a

b

c

d

鸭肉包子

东京・三轩茶屋 "Bistro Rigole"

油封鸭肉做馅的包子。主厨龟谷先生可以熟练地按照传统手法制作法国料理，但他几乎不会将菜品就这样原封不动地端给客人，而是总会藏一些玩心在其中，赋予菜品"新"的面貌。为了配合鸭肉，包子皮里加入了可可粉调味。油封鸭里还加入了一些香料，颇具中华风味。

食材 / 5 个的量

● 馅

油封鸭腿…1 根
油封鸭油…50 克
大蒜末…5 克
茴香（切片）…100 克
洋葱（切片）…100 克
大葱（切片）…100 克
金橘（半干・切粗粒）…50 克
胡桃（切粗粒）…50 克
肉桂…3 克
法式四香料…3 克
盐、黑胡椒…各适量

● 包子皮

A | 低筋粉…130 克
   | 泡打粉…2 克
   | 干酵母…2 克
   | 可可粉…10 克
   | 盐…2 克
   | 细砂糖…4 克

水…75 克
特级初榨橄榄油…2 克

紫羽衣甘蓝…1 片
欧式颗粒芥末酱…适量

部位：鸭腿肉

准备

[包子馅]

1. 将油封鸭腿肉的肉和皮分开。鸭肉撕成大块，鸭皮切成细条。

2. 平底锅中放入油封鸭油、大蒜加热，放入鸭皮翻炒。因为鸭皮比较难嚼，所以先煎烤脆（图a）。

3. 在鸭皮中加入茴香、洋葱、大葱翻炒，盖上盖子蒸煮。

4. 变软后加入肉桂、法式四香料炒匀。放入鸭肉。加入油封液底部残留的肉汁，放入金橘皮、核桃，加盐调味，用木铲翻炒（图b，图c）。

5. 将步骤4的食材用保鲜膜包起来，每包40克，冷藏保存（图d，图e）。

制作要点
- 使用制成半干的金橘。切成4块，去籽，稍加一些盐，在温暖的地方晒3天左右。购入当季的金橘，冷冻保存使用。
- 油封鸭也可以用作春卷的馅料。

[皮]

1. 将A中的粉类放入搅拌机中，搅拌均匀（图f）。

2. 步骤1中加入水和橄榄油，搅拌，制成面团。

3. 成团后拿到操作台上，拍上面粉，揉面。当面团表面变得光滑时，接缝朝下，整圆（图g，图h）。

4. 将面团放在涂了油的垫子上。为了防止干燥，盖上保鲜膜饧发。

5. 把饧好的面团放在操作台上，搓成棒状，分成5等份。将面剂子团成球，接缝朝下，用擀面杖擀薄（图i～图k）。

6. 包子皮上放上馅，轻轻压住中心，捏着包子皮包起来，扭转封口（图l，图m）。

7. 托盘上放烤纸，将包子皮一个一个放在上面，盖上保鲜膜冷藏保存，以免干燥。

制作要点
混合不均匀的话，包子皮就会出现大理石花纹，所以一开始就要将粉类完全混合均匀。

烹饪

1. 接到订单后将包子放入上气的蒸笼中，盖子上蒙上毛巾，以免滴水。小火蒸15分钟左右（图n）。

2. 蒸好后放在铺有羽衣甘蓝叶的器皿上，配上粒芥末酱。

制作要点
皮薄的包子比较好吃，所以制作包子皮时要尽量压薄。

a

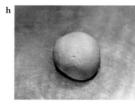
h

b

i

c

j

d

k

e

l

f

m

g

n

油封鸭和自制香肠豆焖肉

东京·池尻大桥 "wine bistro apti."

部位：鸭腿肉

　　店里提供的大份豆焖肉，可以让 2～3 位客人开心地一起分享。豆焖肉是一道传统法菜，融入了现主厨登坂先生的心意，很能代表这家老牌红酒小酒馆。豆焖肉、油封鸭、自制香肠，每个菜品都花了不少时间来准备，也有半份可选。

法式豆焖肉

食材 / 约 8 份的量

准备用量

猪梅花肉…600 克
白芸豆…500 克
猪展肉（精肉）…500 克
猪蹄…1 只
猪肉汤底 ※…适量（P112）
洋葱…1.5 个

大蒜…3 个
可果美牌轻煎洋葱片（30%）…100 克
番茄膏…35 克
法式白高汤…350 克
水…500 克
油封鸭油…1 匙
盐、黑胡椒…各适量

做法

1. 白扁豆洗净，浸泡。流水冲泡猪脚，漂去血水。处理干净猪毛。

2. 将猪脚和猪展肉放入锅中，放入猪肉汤底，小火煮 3 小时左右。

3. 大蒜去皮，洋葱切末，放入锅中备用。梅花肉切成 2～3 块，撒上盐和黑胡椒腌制备用。

4. 煮好的猪脚小心去骨，切成粗肉末。猪展肉切成一口大小。取 650 克肉汤，与猪蹄、猪展肉放在一起备用。

5. 热锅中放入一勺油封鸭油，放入梅花肉两面煎烤。

6. 白扁豆放入笊篱中滤去水分，放入空锅中。加水没过豆子，放 3 撮盐煮。

7. 梅花肉煎好后移到托盘上。取出肉后，将洋葱和大蒜放入锅中爆干，加入可果美洋葱片和番茄膏，继续爆干。

8. 白扁豆烧开后，放入笊篱中，流水冲洗后放回锅中。加入没过食材的水和 3 撮盐再煮。煮开后转小火，煮到可以轻易捏碎时（约 30 分钟）捞出，放入笊篱中（图 a）。

9. 在步骤 7 中加入步骤 4 中的猪脚、猪蹄肉、猪肉汤。加入水和法式白高汤，烧开。再将步骤 7 中的梅花肉放回锅中，盖上盖子，小火煮 1～2 小时。

10. 用铁扦戳一下肉。如能轻松穿过，则将肉捞出，移到托盘上（图 b）。

11. 尝一下豆焖肉汤底的味道，用盐、黑胡椒调味，如汤太少的话加点水。

12. 白扁豆放入汤底中煮 15 分钟左右，将汤汁、豆、肉分开（图 c～图 e）。

制作要点

- 准备工作分两天进行。做法 4 之前在第 1 天进行，做法 5 开始在第 2 天进行。
- 煮好的豆焖肉按一顿饭的量分成小份。取 40~50 克中的梅花肉和 220 克中的白芸豆、150 克汤汁，一起装袋。完全冷却后真空包装，可以冷冻保存。
- 白高汤是鸡骨和调味蔬菜一起熬制 4 小时而制成的。

油封鸭腿

食材 / 1 份的量

带骨鸭腿肉…10 只
盐…1 千克肉用 15 克（重量的 1.5%）
黑胡椒碎…1 千克肉用 2 克（重量的 0.2%）
百里香、月桂叶…各适量
油封油…适量

做法

1. 鸭腿肉称重，计量需要的盐和黑胡椒碎。

2. 将鸭腿肉放入大碗中，放入盐、黑胡椒碎、百里香、月桂叶，揉匀。放入袋中，扎住袋口，挤出空气，腌制 1 天。

3. 用水轻轻冲洗鸭腿，放入 85～90 ℃的油封鸭油中加热 5～7 小时。用铁扦戳肉，能轻松穿过时取出，将其放入架有烤网的托盘中，常温下冷却。

4. 放入冰箱冷藏完全冷却后，再逐一单独真空包装。可以冷冻保存。

猪肉香肠

食材 / 约 10 根香肠的量

准备用量

猪背油（搅碎）…200 克
粗猪肉糜（5 毫米）…400 克
超粗猪肉糜（8 毫米）…400 克

A | 盐…12 克
　　 | 白胡椒粉…4 克
　　 | 法式四香料…2 克
　　 | 硝石…1 克
　　 | 大蒜油…1 咖啡勺

蛋清…24 克
食用黏合剂…1 克

猪肠…适量

做法 ————

1. 在碗里放入搅碎的猪背油、粗猪肉糜和 A，搅打均匀。
2. 取约 1/3 放入搅拌机中，加入适量的冰、蛋清、食用黏合剂进行搅拌，使之乳化。
3. 搅拌过后，将肉馅放回碗里，加入超粗猪肉糜，搅拌均匀。如果有时间，可以真空包装，冷藏 1 天，使其融合。
4. 猪肠清水泡发，各装入 100～110 克的肉馅。一节一节拧起来，绑上细绳。
5. 在冰箱里干燥 2～4 天。
6. 将香肠切分开，去掉细绳冷冻保存。

制作要点 为了充分发挥肉的口感，准备了 2 种规格的肉糜。加入 8 毫米粗的超粗肉糜，就能做出肉感十足的香肠。

完成豆焖肉的烹饪

食材

豆焖肉…1 份
油封鸭腿…1 根
猪肉香肠…1 根
黑胡椒粒…适量
＊ 欧芹面包糠…适量
欧式黄芥末…适量

＊ 欧芹面包粉
将面包糠和欧芹、大蒜、百里香、橄榄油混合，放入搅拌机搅拌备用。既可以放在黄油蜗牛上，也可以用于油炸，用途广泛，所以可常备。

完成烹饪 ————

1. 将真空包装的豆焖肉放入热水中加热大约 10 分钟（图 f）。
2. 在油封鸭腿的骨头周围划几刀，放入热平底锅中煎烤带皮的一面。放入 200 ℃的烤箱中加热 5 分钟。猪肉香肠在开水里煮 3 分钟（图 g，图 h）。
3. 把香肠放入深口盘中。把豆焖肉从包装中取出，也盛入盘中。一起放入 200 ℃的烤箱里烤 10 分钟。取出，将烤好的鸭胸肉放在上面，撒上欧芹面包糠，烤 5 分钟。最后将撒上现磨黑胡椒，配上欧式芥末即可（图 i～图 k）。

f

g

h

i

j

k

烤鸭土豆橙

大阪·本町 "gastroteka bimendi"

把与鸭子相配的橙子和土豆放在塔帕斯面包上。为了让鸭皮更易食用，需要仔细划上花刀，低温烤制，使鸭肉鼓起。橙子酸辣酱中只使用果肉，加入香料和醋使味道更清爽刺激，衬托出鸭肉的美味。

主厨点评

这道菜是西班牙的一种下酒小吃，西语中称为品巧思（pinchos）。一般是用手拿着吃的，所以这种小吃最看重的就是食材的整体感。打碎的土豆泥保留了口感，将面包和鸭肉连结在一起，三种食材也就自然地成为了一个整体。

部位：鸭胸肉

食材 / 1 份的量

鸭胸肉…40 克
土豆…10 克
鸡高汤、盐…各适量
● 橙子酸辣酱（容易制作的份量）
橙果肉…80 克
砂糖…20 克
白葡萄酒醋…20 克
八角粉…适量
香菜粉…适量
黑胡椒…适量

法棍（切片）…1 片
橄榄油…适量
盐、黑胡椒…各适量
意大利欧芹（芽叶）…适量

准备

［烤鸭肉］
在鸭皮上划上格子状的花刀，放在铁板上将两面煎香。放在暖和的地方，用余温加热（图a）。

制作要点 上菜前还要再次烤制，所以准备时加热至八成熟即可。

［橘子酸辣酱］
将酸辣酱的材料放在一起，开火加热，直到将橙子的果肉煮烂。

完成烹饪

1. 将烤过的鸭肉放在铁板上两面煎烤，鸭皮烤脆后切成薄片。
2. 烤法棍。
3. 土豆放入肉汤中煮软，放盐调味。取出土豆，放入碗中。放入橄榄油、盐、黑胡椒调味。用勺子压碎、拌匀（图b）。
4. 面包片上放土豆、鸭肉和橘子酱，装饰上意大利欧芹芽叶。

鸭·鹿·猪·加工肉

鹿肉粗面^❶

东京·茅场町 "L'ottocento"

部位：鹿小腿肉

❶ 鹿肉为可食用的养殖品种。——出版者注

以本店执行主厨樋口敬洋的想法为契机，有名制面商"浅草开化楼"开发了"低贵水意大利面"。目前，本店使用的面条主要有 2 种。鹿肉面中用的是粗面"罗马纳"，用味道浓厚的鹿肉酱汁将面条炖煮入味。独特的糯糯口感让人上瘾。

食材 / 1 份的量

● 鹿高汤
鹿骨（养殖）…500 克
胡萝卜…110 克
洋葱…110 克
西芹…110 克

● 鹿肉酱
鹿小腿肉肉糜（养殖）…1 千克
盐…肉重量的 1%
大蒜…6 瓣
调和油…100 克
迷迭香…2 根
牛油…100 克
鹿油…150 克
高筋粉…10 克
牛肝蕈粉…10 克
番茄膏…50 克
红酒…500 克
洋葱、胡萝卜、芹菜的意式混炒蔬菜…200 克
月桂叶…2 片
黑胡椒碎…8 克
杜松子（轻轻捣碎）…24 克
鹿高汤…适量
盐…8 克

烹饪用量

鹿肉酱…100 克
番茄酱…15 克
意大利面（罗马纳）…120 克
哥瑞纳帕达诺奶酪…适量

准备

[鹿高汤]
鹿骨放入冷水中，开火加热。烧开后放入胡萝卜、洋葱、西芹，炖出味道。过滤后得到高汤。

[鹿肉酱]
1. 肉糜里加盐拌匀，冷藏 1 晚。
2. 锅中放入大蒜、调和油，开火加热。炒出蒜香后加入迷迭香翻炒。
3. 迷迭香的香味充分释放后，放入鹿肉，煎炒至完全上色。
4. 在煎炒过的鹿肉中加入牛油、鹿油，翻炒均匀，撒上高筋粉搅拌均匀。面粉炒熟后放入牛肝蕈粉，拌匀，加入番茄膏翻炒混合。
5. 翻炒均匀后倒入红葡萄酒，刮下锅壁上的褐化物。依次加入混炒蔬菜、月桂叶、黑胡椒碎、杜松子。倒入鹿高汤，炖 2.5 小时左右。
6. 煮到整体重量变成 1.8 千克左右时，加盐调味。冷却后放入保存容器，冷藏保存（图 a）。

a

b

c

d

完成烹饪

1. 意大利面放入足量热水中煮 5 分钟。
2. 锅里放入鹿肉酱、番茄酱，加热。加入煮好的意大利面，炖 5 分钟左右，入味。中途水不够就加水（图 b ～ 图 d）。
3. 盛入盘中，撒上哥瑞纳帕达诺奶酪。

▼ 主厨点评

鹿肉酱里用了鹿骨高汤和鹿油，口感和味道都更加浓厚，更能凸显鹿肉的风味。

猪云白肉

大阪·西天满 "Az/ 米粉东"

该店在进货时，会选择宰杀技术比较熟练的生产者。五花肉真空包装，低温加热 6 个小时。切成薄片，做成云白肉，充分发挥野猪肉味道浓厚的特点。用肉片包着酱汁和蔬菜一起吃。

部位：猪五花肉

食材 / 1 份的量

猪五花肉（块）…500 克

酱汁

    韭菜末…200 克
    白葱末…2 大匙
    姜末…2 小匙
    蒜末…1 小匙
    酱油…1.5 大匙
    醋…2 小匙
    红腐乳…1 大匙
    花椒粉…1/2 小匙
    辣椒油、芝麻油…各适量

烹饪用量

猪五花肉（蒸）…60 克
酱汁…适量
洋葱、黄瓜、蘘荷、黄椒…各适量

准备

[猪五花肉]

1. 将整块五花肉真空包装，放入 75 ℃的蒸汽对流烤箱蒸 6 小时左右。
2. 冷却后冷藏保存。

酱汁

把酱汁材料全部拌匀（图 a）。

完成烹饪

1. 五花肉蒸好后切成薄片，放在托盘上，盖上保鲜膜，放入 75 ℃的蒸汽烤箱中快速加热（图 b，图 c）。
2. 将切成薄片的洋葱、黄瓜、蘘荷、黄椒盛入容器中，放上猪肉，淋上酱汁。

伊比利亚火腿配土豆

大阪·本町 "gastroteka bimendi"

因快捷方便，肉类加工品制作的下酒菜在该店很受欢迎。与土豆串在一起的热火腿来自西班牙，使用伊比利亚猪肉烤制而成，香气扑鼻，味道浓郁，是搭配土豆的最好搭档。土豆中水分过多的话，味道会变寡淡，所以放入烤箱烤去水分后再串上。

主厨点评

也尝试过搭配白猪火腿（Jamón Serrano），但还是味道更浓的伊比利亚可加热火腿更得戚心。搭配熏制彩椒粉也更和谐。

部位：火腿

食 材

伊比利亚烤火腿（切片）…4 片
新土豆（五月皇后）…1 个
鸡高汤…适量
盐…适量
特级初榨橄榄油…适量
彩椒粉（熏制）…适量

做 法

1. 伊比利亚烤火腿用切片机切片（图 a）。
2. 土豆去皮，分成 4 等份，用鸡汤煮，放盐调味（图 b）。
3. 将土豆放入烤盘中，放入烤箱烤干表面（图 c）。
4. 把切好的火腿片放在土豆上，串上竹扦固定，装盘。撒上特级初榨橄榄油，撒上彩椒粉（图 d）。

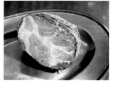
a

b

c

d

 制作要点
· 使用西班牙产的伊比利亚烤火腿。
· 彩椒粉是经过熏制的。

185

马铃薯香肠好运烘饼

神奈川・横滨 "restaurant Artisan"

　　用土豆丝包裹猪杂香肠，做成烘饼。香肠是法国产的，有很浓的猪杂香味。酥脆的煎炸土豆，搭配独特的猪杂肠，配上欧式芥末制作的酱汁。在客人面前切开热气腾腾的烘饼，使小酒馆料理的档次也显得更高。

部位：香肠

食材 / 1 份的量

● 猪杂香肠…1 根
土豆（大）…2.5 个
盐、胡椒…各适量
玉米淀粉…适量
橄榄油…适量
黄油…适量

● 欧式芥末奶油酱
白葡萄酒…适量
小牛高汤…适量
鲜奶油…适量
黄油…适量
欧式颗粒芥末酱…适量
雪利酒醋泡洋葱和刺山柑花蕾…适量
欧芹末…2 克

做法

1. 土豆用切片机切片，再切成丝。撒上盐、胡椒均匀入味。撒上玉米淀粉。摊放在厨房用纸上吸去水分，再用力挤去水分（图 a）。
2. 香肠切成一口大小。
3. 在小平底锅里倒入橄榄油，摊开放入一半的做法 1。放上香肠，盖上剩下的做法 1，调整形状（图 b）。
4. 从平底锅的边缘倒入橄榄油，把切好的黄油放在土豆上，放入 300 ℃的烤箱中，煎烤 13～14 分钟（图 c，图 d）。
5. 表面烤上色后，把油倒掉，烘饼翻面。再放 1 次橄榄油和黄油，放入烤箱中烤 5 分钟左右（图 e）。
6. 烤饼的时候制作酱汁。将白葡萄酒和小牛高汤混合放入锅中，煮至浓稠，加入鲜奶油混合。依次加入酒醋渍洋葱和刺山柑花蕾、粒芥末酱，混合。放入软化黄油，使酱汁更香浓。放入欧芹，拌匀（图 f，图 g）。
7. 把烤好的烘饼和酱汁放在托盘里上菜。在餐桌上切分开烘饼，装盘。淋上酱汁后提供给客人（图 h～图 j）。

制作要点
· 土豆丝不要用水冲洗，并撒上玉米淀粉，这样土豆丝之间才不会散开。
· 酱汁中的白葡萄酒和小牛高汤需要收汁浓缩，这样味道才不会被鲜奶油盖过。过分加热的话，会破坏粒芥末酱的辣味和香味，需要注意。
· 洋葱和刺山柑切碎后用雪利酒醋腌制，用于增加风味。

主厨点评
猪杂香肠的味道用来配酒恰到好处。比起日本产的香肠，法国产的味道更浓，本店经常使用。

鱼肉饼芝士火腿

东京·三轩茶屋"komaru"

a

b

c

d

部位：火腿

鱼肉饼芝士 + 油炸火腿的组合。用奶酪包裹鱼肉饼，再卷上火腿，裹上面糊油炸。另外又是油炸食品 + 中浓酱汁的组合，毫无疑问是搭配啤酒、酸鸡尾酒的绝佳选择。用纸包好，手捧着吃，就像在街角吃可乐饼一样，也别有一番趣味。

食材 / 1 份的量

鱼肉饼…1/4 枚
奶酪片…1 片
火腿片…2 片
黑胡椒…适量
蛋液、低筋粉…各适量

鲜面包糠…适量
色拉油…适量
中浓酱汁…适量
欧芹…适量

准备

1. 把鱼肉饼切成 4 块，包上奶酪片，放在火腿片上，撒上黑胡椒。再放上 1 片火腿，用手按紧（图 a，图 b）。
2. 蛋液中加入低筋粉，搅拌均匀，裹在步骤 1 的食材上，沾上鲜面包糠（图 c）。
3. 紧紧包上保鲜膜，放入冰箱，固定形状（图 d）。

完成烹饪

1. 放入 175 ～ 180 ℃的热油中，油炸至面衣酥脆，捞出，沥油。
2. 将油炸火腿对半切开，淋上中浓酱汁。放入纸袋中，撒上欧芹。

制作要点　火腿之间也用面糊粘起来，防止掉落。侧面也抹上面包糠。直到开门营业之前，都用保鲜膜裹着，防止变形。

蓝芝士油炸火腿

东京·六本木"温酒 佐藤"

油炸火腿是酒馆不可或缺的菜品之一。只要将火腿裹上面包糠炸一下，就可以用来搭配啤酒、高球等碳酸酒。该店的油炸火腿中还夹着蓝纹奶酪。蓝纹奶酪强烈的咸香味让人上瘾，非常适合用来搭配味道鲜美、个性鲜明的日本酒。

食材 / 1 份的量

里脊火腿（8毫米厚）　2片
古贡佐拉蓝纹芝士…10克
面粉、天妇罗面糊、鲜面包糠…各适量
色拉油…适量
蔬菜沙拉（生菜、蔬菜芽叶、日本芜菁）…
适量
萝卜泥酱油沙拉酱…适量
盐之花…适量

做法 ——————

1. 把火腿切成8毫米厚的薄片。
2. 在火腿的中心摊放上蓝纹芝士，再放上1张火腿，用手压紧（图a）。
3. 给做法2刷上一层薄薄的面粉，裹上天妇罗面糊和鲜面包糠（图b，图c）。
4. 将做法3放入180℃的色拉油中油炸。炸至面衣酥脆后捞出，切成4块。
5. 盘中装上蔬菜沙拉和做法4。沙拉撒上萝卜泥酱油沙拉酱，配上盐之花。

制作要点 为了防止面糊剥落，侧面也要裹上天妇罗面糊和面包糠，用手压紧。

▼ **主厨点评**

蓝纹芝士的味道很浓，所以比起口味清爽的酒类，更适合味道浓郁的酒类。可以冰镇后饮用。

部位：火腿

餐厅

大阪·西天满

大阪·西天满

Az/ 米粉东

味道不过辣过甜，多用香料，创造可搭配葡萄酒的中华料理

广为人知的中华葡萄酒小酒馆先驱"Az"。店址所在大楼的1楼是"chi-fu"，2楼是"AUBE"，老板都是东浩司。无论是从可信赖的食材供应商处采购的食材，还是侍酒师们严选的葡萄酒，都用心通过各种形式提供给客人们享用。其中，"Az"是以点菜为主的休闲风格，提供独创性十足的料理。厨师长畑野亮太曾在传统粤菜店学习钻研，因为想要学习葡萄酒有关的知识，所以来到了这家店。"想做日本人觉得好吃的中国菜"。这家店的菜和传统的中国菜相比，既不过辣也不过甜，味道更柔和。同时，该店也会巧妙地使用香料，提供适合搭配葡萄酒的料理。

厨师长　畑野亮太

主厨菜单

· 香炒野崎牛（P18）
· 海螺担担烧卖（P66）
· Az 特色回锅肉（P80）
· 辣子鸡（P150）
· 猪云白肉（P184）

店主经常参加试饮会，店里也存放了很多葡萄酒，有近1000瓶。酒的品种非常多，从传统葡萄酒到自然派葡萄酒，应有尽有，还有其他店里少见的马格南瓶（1.5升）酒。葡萄酒在大阪中陈年之后，酸味和单宁的涩味会渐渐柔和。将其推荐给客人，感受不一样的味道。

店铺信息

地址 / 大阪府大阪市北田区西天满 4-4-8B1 楼
电话 /06-6940-0617
营业时间 /18：00 ～ 21：00（最后一单菜品）
　　　　　21：30（最后一单饮品）
※ 米粉东 /11：30 ～ 13：30（最后一单）
休息日 / 周日、节假日（不固定休息）

餐厅

东京·池尻大桥
Wine bistro apti.

●

传统的小酒馆料理结合精致的制作手法，充满创意地提供给顾客

●

该店 1996 年开业，是一家老店。几乎和巴黎当地的小酒馆一样，向食客们提供原汁原味的法式菜肴，比如豆焖肉、古斯古斯，还有熟食猪肉等。凭借优质的葡萄酒和稳定的品质，该店一直受到成年顾客的喜爱。担任主厨的登坂悠太先生，在"Restaurant RAMAGES"学徒后，前往法国钻研厨艺。回国后，又在东京都内有名的法餐店中积累大量经验，最终成为本店的主厨。登坂主厨不在意菜品是否入时，而是希望自己的作品能够给客人们留下深刻的印象，希望大家能为了"那一道菜"来光顾。所以店里的菜品大都分量十足，可以供 2~3 人享用。不仅如此，通过多样复杂烹饪技巧，每一道端上桌的料理都是美味无死角。

主厨 登坂悠太

主厨菜单

- 烤关村牧场红毛和牛后腿肉配波尔多酱（P16）
- 乡村血肠瓦钵酱（P110）
- 美食家鸭肝肉派（P113）
- 小羊古斯古斯（P122）
- 鸡肝慕斯（P166）
- 油封鸭和自制香肠豆焖肉（P178）

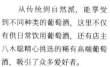

从传统到自然派，能享受到不同种类的葡萄酒，这里不仅有供日常饮用葡萄酒，还有店主八木聪精心挑选的稀有高端葡萄酒，吸引了众多爱好者。

店铺信息

地址 / 东京都世田谷区池尻 3-19-16 伊丹公寓 1 楼
电话 /03-3413-5133
营业时间 / 周二至周六 8：00～次日 1：00（最后一单 23：30），周日及节假日 8：00～24：00（最后一单 23：00）
固定休息日 / 周一，每月第 1 个周日

193

神奈川·横浜

restaurant Artisan

●

搭配浓烈的酱汁或葡萄酒，
来享受香气四溢的烤肉

●

学徒时代，在法国街头小酒馆里遇见的的家常菜是这家店出发的原点。主厨店主佐藤刚，2010 年创办了 "brasserie Artisan"、2014 年创办了 "rotisserle Artisan" 等休闲风格的法式餐厅，稳扎稳打地站稳了脚跟，最终创办了高级法式餐厅 "restaurant Artisan"。店面的给人的感觉，相比日常使用，更适合重要场合。但佐藤先生强有力的料理风格仍是一脉相承。用熔岩石简单烤制的肉，配上经典酱汁和出人意料的食材，味道的复杂变化是其魅力所在。现场烹饪、提供搭配料理的杯装红酒等服务也广受好评。

主厨　佐藤武

主厨菜单

· 马德拉葡萄酒炖牛莜肋眼（P10）
· 木板牛排（P12）
· 黑毛和牛靴靶牛排配海胆（P14）
· 法国牛肝配栗子蜂蜜酱（P22）
· 特色炖杂碎（P50）
· 马铃薯香肠好运烘饼（P186）

以法国产为中心，提供约 60 种葡萄酒，其中三分之一是自然派葡萄酒。产品主要来自可以直接与生产者见面的中小规模酒庄。招牌上推荐的葡萄酒有白、红、起泡酒等 12 种。很多客人都会点杯装酒。

店铺信息

地址 / 神奈川县横滨市中区日本大通 36 City Tower 横滨 2 楼
电话 /045-228-8189
营业时间 /11：30 ～ 15：30（14：00 为最后入店时间），17：30 ～ 23：30（21：30 为最后入店时间）
休息日: 周一晚餐 / 周二（法定节假日有变动）

东京·外苑前

杂碎酒场

kogane

正如餐馆名字叫作"杂碎酒场"一样，该店的特色就在于用新鲜的杂碎制作下酒菜，用来搭配温热的纯米酒和日本产的自然派葡萄酒。此店于 2019 年 4 月刚开业，母公司是 corori 株式会社，该公司在东京都内开有 3 家休闲意大利餐厅。所以，总厨师长山口高志自不必说，负责本店料理的半田和也先生也都有意大利料理的功底。他们在使用意大利调味料和烹饪方法的基础上，加入了日本元素，打造出一份轻松的居酒屋菜单，即使客人只想喝一杯，也能毫不犹豫地踏进店里。风格的拿捏也很到位。与一般居酒屋的"炖杂碎""烤杂碎"划开界限，是很讲究的杂碎下酒菜，十分适合口感柔顺的日式温酒。

意大利风味的下酒菜，用来搭配日式温酒和葡萄酒

总厨师长　山口高志
厨师长　半田和也

主厨菜单

· 西京味噌烤牛舌（P24）
· 白毛肚核桃沙拉（P44）
· 拍松牛心和泰风香菜沙拉（P45）
· 谷中生姜牛舌卷（P48）
· 小牛玉米炸什锦（P49）
· 佛罗伦萨风味炖牛杂（P52）
· 白香肠（P108）

该店常备有 30 ～ 40 种纯米酒和 40 多瓶日本产的自然派葡萄酒。
主打葡萄酒是意大利葡萄酒，想让人们享受温度变化带来的区别。将酒加热至合适的、或客人喜欢的温度后再提供。

店铺信息

住址：东京都涩谷区神宫前 3-42-15 Meg bldg 1 楼
电话 /03-6271-4953
营业时间 / 周一至周五 17:00 ～ 26:00，周六、周日、节假日 15:00 ～ 24:00
休息日 / 无休

东京·三轩茶屋

Komaru

●

将大众居酒屋菜单按"komaru"风格编排，"恰到好处"是该店的魅力

●

"三茶茶屋 komaru"系列餐厅在三轩茶屋地区大受欢迎，"komaru"也是其中的一间。虽然是立饮店，但仍是吃完后结账。还会有客人专程坐电车来喝酒。店内能容纳 20 人左右，却总是挤满了人。大家的目标都是厨师长三木达也做的下酒菜。明明每一道都是耳熟能详的的大众居酒屋菜肴，但这里的味道是独一份。"恰到好处，别出心裁"，这是厨师长的追求。三木先生在西班牙居酒屋、关东煮居酒屋工作过，他了解一个好居酒屋的关键所在。菜品的设计不会越界，总是恰到好处。厨师长坐镇圆形吧台中，让客人能够轻松地享受喝酒的乐趣。这是衡量一个好酒屋的关键所在。

厨师长　三木达也

主厨菜单

- 牛肉竹笋天妇罗寿喜锅（P31）
- 三彩糖醋肉（P61）
- 烤茄子配萝卜泥姜汁烧肉（P62）
- 土鸡墨鱼紫苏烧卖（P160）
- 土鸡香菇烧卖（P164）
- 鸡肝韭菜烤串（P165）
- 鱼肉饼芝士火腿（P188）

大型冰柜中摆放着标有价格的一升❶瓶日本酒、红酒、精酿啤酒等，数量众多。日本酒很受欢迎，从人气品牌到专业人士喜爱的品牌，有 40 种左右。顾客自己选酒，交给工作人员帮忙倒酒。柠檬威士忌和豆浆烧酒也很受欢迎。

店铺信息

地址 / 东京都世田谷区太子堂 5 丁目 15-12
电话 / 03-6804-0503
营业时间 / 周一至周五 18:00 ～次日 2:00，
周六 17:30 ～次日 2:00，周日、节假日
17:30 ～ 23:00
休息日 / 不固定休息

❶ 日本计量单位升，约为 1.8039 公升。译者注。

东京·涩谷

酒井商会

●

提供与和食相配的葡萄酒和日本酒，给饮酒带来更多乐趣

●

在有名的居酒屋积累了大量经验的店主，做出的料理让人津津乐道，搭配的天然葡萄酒和日本酒也备受好评。虽然是 2018 年 4 月开业的店，但已经颇具名店风格。菜品的制作就在吧台后，客人可以看到整个制作过程。为了制作正宗的和食料理，从食材处理开始就认真考虑如何引导出食材的本味，做出来的菜肴自然也是滋味十足。使用的食材以店主的老家，福冈产为主，招牌菜单的炸鸡使用的是佐贺的三濑鸡，牛肉使用尾崎牛等，都经过严格的挑选。鲜胡椒和花椒，熟成 3 年的酒糟，干番茄等用来衬托主角的配菜也是精心挑选，保证味道的质量。

店主　酒井英彰

店里有来自不同国家的自然派葡萄酒，从微起泡酒到适合配菜的白葡萄酒和玫瑰红葡萄酒，以及个性鲜明的橙葡萄酒和红葡萄酒。日本酒来自 10 个不同的酿酒厂，按照酒类合适的温度，提供冷酒或烫酒。

主厨菜单

· 和牛咸牛肉（P32）
· 炖牛筋（P34）
· 牛肉、春牛蒡和干西红柿金平（P35）
· 酒糟蓝芝士红烧肉（P60）
· 三濑炸鸡（P144）
· 什锦茶碗蒸（P172）

店铺信息

地址 / 东京都涩谷区涩谷 3 丁目 6-18 荻津大厦 2 楼
电话 /070-4470-7621
营业时间 / 周一至周五 16：00～24：00（最后一单 23：00），周六 14：00～21：00（最后一单 20：00）。
休息日 / 周日

东京·六本木

温酒　佐藤

●

在 5 ～ 55℃之间，日本酒的口味会随着温度的变化而变化。这种细腻正是日本酒的魅力所在

●

所谓温酒，温度不单单只有"温"或"烫"。"温酒　佐藤"将加热温度细分，提供时根据客人的喜好和酒的个性来加热，希望能更多地向客人传达日本酒的魅力。使用单人用的小酒炉和酒壶，保持温度，让客人慢慢品尝。厨师长牧岛弘二在日本料理方面极富经验，为了搭配日本酒，他会准备鲜鱼，制作刺身拼盘、清汤、烧烤等正宗日本料理。制作肉料理时则会使用和牛、大山鸡等上等食材。为了最大程度地保留它们的美味，一般用来烤或油炸。烧烤时在吧台内设置的炭火上慢慢烤制，香味也令人陶醉。

厨师长　牧岛弘二

主厨菜单

· 酒糟味噌烤三元猪（P67）
· 柚子盐烤大山鸡（P156）
· 青葱大山鸡天妇罗（P157）
· 酱烤海苔鸡肉丸（P158）
· 蓝芝士油炸火腿（P189）

这里有从全国各地的酿酒厂收集的 100 多种日本酒。有些客人想要各种酒都尝一下，为了满足这样的要求，店家准备了小杯（90 毫升）装。除此之外，还提供按酿酒厂、本酿造酒、纯米酒等类别的试饮活动，每种类别可以试饮三种酒。温度区分为 11 个等级，通常在推荐的温度下提供。

店铺信息

地址 / 东京都港区六本木 7-17-12 六本木商务公寓 1 楼
电话 /03-3405-4050
营业时间 /17：00 ～ 23：30（最后一单 22：30）
休息日 / 周日

东京·神乐坂

jiubar

●

使用香料来增强菜肴的麻、辣、香，提高与酒品的搭配度

●

餐馆位于神乐坂某栋商住两用楼的 3 楼。店铺由一间公寓改造而成，连招牌都没有，给人一种世外高人的感觉。尽管如此，却是经常座无虚席。店里中华风味的下酒菜是吸引顾客的关键。该店由中华名店"希须林"于 2017 年创办，希望能借此推动酒吧新业态的发展。上武美经理在希须林轻井泽店担任厨师长后，参加了该店的创设。开张之际，以"具有手工感的酒和让人想喝酒的中华菜肴"为主题，注重麻、辣、香，排除不必要的甜味，创造出独具特色的日本中华菜。

经理　川上武美

> ### 主厨菜单
>
> · 酒吧肉丸子（P72）
> · 咕咾肉（P74）
> · 自制叉烧（P76）
> · 春季卷心菜回锅肉（P78）
> · 韭菜猪肝（P84）
> · 麻辣猪杂（P86）
> · 猪肉铺那不勒斯意面（P92）

酒类饮料以精酿啤酒、精酿杜松子酒、威士忌、自然派葡萄酒等为中心，种类齐全。带有烟熏味的艾雷威士忌"拉弗格"和美国精酿啤酒"内华达山脉"等，这些经典品种都会常备。威士忌苏打和金酒苏打也很受欢迎。

店铺信息

地址 / 东京都新宿区神乐坂 2-12 神乐坂大楼 3 楼
电话 /03-6265-0846
营业时间 /17：00 ～次日 1：00（最后一单 24：00）
休息日 / 周日·节假日

东京·神乐坂

十六公厘

●

想把自己觉得美味的中式小吃与啤酒和酸鸡尾酒搭配在一起

●

入店前提是要喝酒。即使是团体客人，哪怕只有一个人不能喝酒，也不能进店，态度非常明确。店主自己非常喜欢碳酸酒，所以 2012 年开业之初，店里就开始提供与啤酒、高球鸡尾酒、酸鸡尾酒等碳酸酒类相配的料理。该店有许多让人食指大动的招牌肉菜，比如肉烧卖。还有自制肉肠，这道菜也是店名的由来。店主佐藤博先生在担任"希须林"各店的厨师长 20 多年后，自立门户。自制调料重重叠加形成浓烈的味道，加上爽脆的口感，还有充分的佐料，每一种元素都似乎在劝人多喝一杯。

店主　佐藤博

酒的种类少，品质高。用伏特加浸泡生姜或柠檬，做成姜汁汽水。不带甜味的酸鸡尾酒也很受欢迎。当然，店里不提供无酒精饮料。

> **主厨菜单**
>
> ·味噌肉酱豆腐（P28）
> ·肉团（P30）
> ·自制香肠（P64）
> ·蒜香厚切猪排（P68）
> ·味噌炒猪肝（P82）
> ·葱拌猪舌（P104）
> ·鸡肉南蛮（P146）
> ·蒜香鸡肫（P152）

店铺信息

地址 / 东京都新宿区横寺町 37
电话 /03-6457-5632
营业时间 / 周一至周六 18：00 ～次日 1：00
（最后一单 24：00），周日、节假日 15：00 ～
22：00（最后一单 21：00）
休息日 / 不固定休息

埼玉 · 富士野

Pizzeria 26

创造出像自然葡萄酒一样多彩丰富的意大利料理

在远离车站的住宅区一角，静立着一间由旧民居改造而成的比萨店。2008 年，厨师米井司和侍酒师河合淳世在此地开设了这家店铺。开业超过 10 年，凭借精致多彩的菜品，以及多种多样充满个性的天然葡萄酒，在当地拥有众多粉丝。肉类菜肴中，无论是分量十足的的炭火烧烤，还是清淡的什锦肉冻，都是通过"两种酱汁的对比"来给味道带来变化。比如酸味和浓厚感的对比，香料的香味和蔬菜的甜味的对比等。这也赋予了菜品多彩的感觉。不仅可以点菜，以小食拼盘打头的套餐也很受欢迎。

主厨店主　米井司　　侍酒师　河合淳世

主厨菜单

· 牛肚香菜沙拉（P42）
· 意式香肠柠檬比萨（P97）
· 小食拼盘（炸猪皮·猪肉冻乳酪泡芙·
　蚕豆达克瓦兹，P100）
· 什锦猪肉冻（P102）
· 烤小羊腿（P120）
· 鸡腿香菇沙丁鱼馅饼（P162）

酒类以意大利、法国、日本生产的自然派葡萄酒为中心，比如罗讷省的瓦伦汀（Valentin Valles）和朗格多克产区的莱巴古堡酒庄葡萄酒（Leon Barral）等充满个性、却又十分熨帖的葡萄酒。熟成到位的葡萄酒也可按杯出售。

店铺信息

地址 / 埼玉县富士野市市泽 3-4-22
电话 /049-236-4660
营业时间 /11：30 ～ 15：00，18：00 ～ 23：00
休息日 / 周二

大阪·本町

gastroteka bimendi

高水平的西班牙风味小吃
搭配当地葡萄酒或西打酒享用

这是一间西班牙巴斯克酒吧。店名中的"gastroteka"意为美食空间，"bimendi"的意思是两座山。主厨清水和博每年都会去西班牙进修，同时还兼任马路对面的连锁西班牙料理店"ETXOLA"的厨师，往返于两店之间，制作各式各样的料理。bimendi 提供种类丰富，充满创意的西班牙品巧思（Pinchos）。话虽如此，西班牙酒吧最重要的是让客人们轻松愉快地享受美食。为此，店里的菜单十分重视整体感，让客人品尝到丰富多彩的品巧思和塔帕斯。包含 7 种品巧思的厨师推荐套餐也很受欢迎，有 6 成的顾客会点单。

厨师长　清水和博

主厨菜单

· 牛尾汉堡（P26）
· 香炸羊肉配稻草风味贝夏梅尔调味酱（P126）
· 莫尔诺炸鸡（P148）
· 奶油鸭肝和法式猪肉熟肉酱（P174）
· 烤鸭土豆橙（P181）
· 伊比利亚火腿配土豆（P185）

写菜单的小黑板上，还会推荐帕斯克的微发泡葡萄酒"查克丽"、西打酒、西班牙产的艾斯特拉啤酒"Estella Galicia"、桑格利亚汽酒等低度酒。一份品巧思配一杯酒，很多顾客都会选择这家地道的酒吧。

店铺信息

地址 / 大阪府大阪市西区靱本町 1-5-9 Bonheur eiwa 大楼 1 楼
电话 /06-6479-1506
营业时间 /11：30 ～ 24：00
休息日 / 周日

东京·西小山
fujimi do 243

● 意式杂碎 × 玫瑰红葡萄酒！
一盘一盘用心制作的味道，令人着迷 ●

店主不想让电话打断工作，决定店里不设置电话，所以进这家店的难度还挺高。主厨渡边真理子和得力助手中野绫子，二人一起集中精力，创造出了味道细腻、干净的杂碎料理。渡边女士曾在意大利料理店和葡萄酒吧学习，十几年前还经营过意大利料理店。利用这一经验，2018 年该店开张之际，她将原本就很感兴趣的杂碎作为主角，并将搭配的葡萄酒范围缩小为粉红葡萄酒。店里只有吧台座位，亦可立饮，氛围轻松。同时料理和酒类都很精致，店内常常可以见到独自进餐的客人。

主厨店主　渡边真理子

主打葡萄酒是京都丹波葡萄酒 "Tegumi Muscat berry A"。由于酿造过程中只加热一次，葡萄酒的果味和酵母的香气很丰富，酒体略带浑浊。咽下时，酒中的汽泡穿过喉部的触感很有魅力。

主厨菜单
- 牛心塔利亚塔手卷沙拉（P40）
- 意式薄切金钱肚（P46）
- 油炸猪舌（P70）
- 手工意面配自制西蓝花肉酱（P94）
- fujimi 特色盖饭 243（盐煮肉 & 调味水煮蛋配蜂斗菜味噌，P98）
- 湘南牛蒡烤鸡颈肉烩饭。配甘夏酱（P154）

店铺信息
地址 / 东京都目黑区原町 1-3-15
电话 / 无
营业时间 / 周二至周五 12:00～15:00（最后一单 14:30），18:00～22:00（最后一单 21:30）
周六、周日 13:00～20:00（最后一单 19:30）
休息日 / 周一

东京 · 学艺大学

听屋烤肉

●

将黑毛和牛的边角料和牛筋做成下酒菜，这是一家一个人也能喝得很开心的烤肉店

●

时尚的玻璃幕墙的装修风格，女性顾客也愿意入店。作为一家以"烤肉 × 自然派葡萄酒"为主题的餐厅，"听屋烤肉"提供的不仅是优质 A5 级黑毛和牛，更是提供了一种新的享受方式。长年在大型餐饮行业从事商品开发的武田纯也先生，灵活运用烤肉中被弃置不用的部分，设计了前菜和下酒菜菜单。通过加入越南春卷、炸鸡、饺子、番茄炖菜等烤肉店少有的料理，牢牢抓住了爱喝葡萄酒的顾客。这些小菜在调节口味的同时，也增加了点单率。将原本无用的牛筋小火慢炖，做成鲜美的汤菜或炖菜，很受欢迎。

产品开发部总经理　武田纯也先生

为了让更多人了解自然派葡萄酒的魅力，店家在酒水单上介绍了红酒生产者和酿造方法。牛肉一般搭配红葡萄酒，所以店里红葡萄酒的种类较多，有 30 种。还有用虹吸瓶制作的柠檬酸鸡尾酒、精酿啤酒的试饮等饮品。

主厨菜单

- 干炸黑毛和牛（P36）
- 黑毛和牛饺子（P37）
- 雪花牛肉越南春卷（P38）
- 暖胃橙醋牛筋（P47）
- 番茄白扁豆炖牛舌（P54）
- 韩式杂烩粥（P58）

店铺信息

地址 / 东京都目黑区鹰番 3-8-11
电话 /03-6451-0732
营业时间 / 周一至周五、节假日前一天 17：00 ～ 23：00（最后一单 22：30），周六、周日、节假日 16：00 ～ 23：00（最后一单 22：30）
休息日 / 不固定休息

东京·御徒町

羊香味坊

姐妹店"味坊"位于东京神田,生意极其兴隆。同样是以老板梁保璋的出生地·中国东北地区的羊肉料理为中心,搭配自然派葡萄酒的店,但当店更加一心只做羊。买入一整只羊,使用各个部位,制作不同的料理。不久,这家店也是顾客盈门。店内羊香四溢。后厨里当地的工作人员熟练地翻动锅铲,高声说话的客人也充满了活力。生意如此红火,也是因为接受羊肉的人越来越多,但最重要的还是当店的羊肉十分美味。腌制让羊肉变软、同时还可去除腥味。使用与羊肉风味相配的香辛料、调料来带出美味。这样的手法吸引了很多粉丝。

巧用香料和腌渍技巧,将一头羊物尽其用

店主　梁保璋　　　总厨师长　张子谦

瓶装酒由顾客自己从冰箱里挑选。葡萄酒从专业自然派葡萄酒进口商和批发商处购买,约有60种。啤酒和酸鸡尾酒也很受欢迎。

主厨菜单

· 羊香水饺(羊肉香菜水饺,P130)
· 烤羊背脊(炭火烤羊排,P132)
· 口水羊(P134)
· 花椒羊肉(P136)
· 葱爆羊肉(P137)
· 羊肉串(P138)
· 手扒羊肉(P139)

店铺信息

地址 / 东京都台东区上野 3-12-6
电话 / 03-6803-0168
营业时间 / 周一至周五 11 : 30 ～ 22 : 30(最后一单),
周六、周日、节假日 13 : 00 ～ 22 : 30(最后一单)
休息日 / 无休

东京·三轩茶屋

Bistro Rigole

●

结合传统法餐与街头美食的玩心，
变身从未见过的料理

●

肉包、饺子、肉荞麦面…光看菜名就能感受到龟谷刚主厨的独特之处。成为厨师的起点是法餐名店"Scure Sale"。也去了法国学厨3年，在当地积累了不少经验。回日本后做过"Scure Sale"的主厨、白金台"Requinquer"的副主厨，2014年独立开店。没错，实际上龟谷先生的传统法餐底子非常扎实。手握制作传统技术，诸如制作油封鸭肉、加工肉制品、勃艮第乡土料理的技术，又大胆地纳入街头小吃的元素，制作出从未见过的法式料理。但同时这些创造又源自身边，所以龟谷主厨的料理都非常平易近人。

主厨　龟谷刚

主厨菜单

· 大山猪肉荞麦面（P90）
· 肠包肚（P105）
· 猪头肉土豆沙拉（P116）
· 小羊肉饺子（P128）
· 肥肝三明治（P168）
· 鸭肉包子（P176）

店铺信息

地址 / 东京都世田谷区三轩茶屋 2-24-16
电话 / 03-3424-6177
营业时间 / 午餐：周三至周五 12：00 ～ 15：00（最后一单14：00），周六、周日 12：00 ～ 15：00（最后一单14：00）
晚餐：周二至周日 18：00 ～次日 1：00（最后一单24：00）
休息日 / 周一（周二不定休息）

东京·茅场町

L'ottocento

●

富有震撼力的肉料理和新口感的意大利面，搭配意大利的自然葡萄酒来享用

●

该店是由开展高级意大利餐馆业务的 Salone 集团于 2016 年开设的意大利餐厅。餐厅的氛围比高级餐厅"Salone"更加轻松，客人们可以悠闲地享受美酒和美食。小羊和猪展肉制作的西西里乡土料理是餐厅的特色菜，可供 2～3 人分享。招牌菜是手工意面，选用在拉面界享有盛名的制面商"浅草开化楼"制作的低加水意面，口感软糯有弹性。店里一共有 32 个座位，仅仅这一盘意大利面就可以让餐厅在午餐时间翻 2 次台。长年在 Salone 工作，积累了丰富经验的当店主厨渡边正彦先生，制作大分量的料理时，会花时间慢慢炖煮，引出肉的鲜味。

厨师长　渡边正彦

主厨菜单

· 烤横膈膜（P20）
· 柠檬牛舌意大利面（P56）
· 软炖猪腿（P88）
· 炖烤小羊腿（P140）
· 大人的鸡肝肉派（P170）
· 鹿肉粗面（P182）

葡萄酒以意大利产的自然派葡萄酒为中心，这些酒不易上头，喝下去比较舒服。餐厅会积极推荐搭配，菜单旁就写着推荐的葡萄酒的情况。

店铺信息

地址 / 东京都中央区日本桥小网町 11-9 The Park Rex 小网町第二大楼 1 楼
电话 / 03-6231-0831
营业时间 /11：30 ～ 14：30（最后一单 13：30），17：30 ～ 22：30（最后一单 21：30）
休息日 / 无

图书在版编目（CIP）数据

日本人气餐厅佐酒肉料理／日本株式会社旭屋出版
编著；李祥睿，梁晨，陈洪华译 . -- 北京：中国纺织
出版社有限公司，2023.12
　　ISBN 978-7-5180-9972-6

　　Ⅰ. ①日… 　Ⅱ. ①日… ②李… ③梁… ④陈… 　Ⅲ.
①肉类—菜谱 　Ⅳ. ① TS972.125

中国版本图书馆 CIP 数据核字（2022）第 197773 号

原文书名：呑ませる肉料理　プロの技法＆レシビ100品
原作者名：株式会社旭屋出版
NOMASERU NIKURYOURI PRO NO GIHOU & RECIPE 100PIN
© ASAHIYA PUBLISHING CO., LTD. 2019
Originally published in Japan in 2019 by ASAHIYA PUBLISHING
CO., LTD.
Chinese (Simplified Character only) translation rights arranged with
ASAHIYA PUBLISHING CO., LTD. through TOHAN
CORPORATION, TOKYO.

本书中文简体版经 ASAHIYA PUBLISHING CO., LTD. 授权，由
中国纺织出版社有限公司独家出版发行。本书内容未经出版者书面许
可，不得以任何方式或手段复制、转载或刊登。

著作权合同登记号：图字：01-2021-0390

责任编辑：舒文慧　　责任校对：高　涵　　责任印制：王艳丽

中国纺织出版社有限公司出版发行
地址：北京市朝阳区百子湾东里 A407 号楼　邮政编码：100124
销售电话：010—67004422　传真：010—87155801
http://www.c-textilep.com
中国纺织出版社天猫旗舰店
官方微博 http://weibo.com/2119887771
北京华联印刷有限公司印刷　各地新华书店经销
2023 年 12 月第 1 版第 1 次印刷
开本 787×1092　1/16　印张：13
字数：295 千字　定价：88.00 元

凡购本书，如有缺页、倒页、脱页，由本社图书营销中心调换